Kreditmanagement mit SAP® S/4HANA

Silke Breest

Willkommen bei Espresso Tutorials!

Unser Ziel ist es, SAP-Wissen wie einen Espresso zu servieren: Auf das Wesentliche verdichtete Informationen anstelle langatmiger Kompendien – für ein effektives Lernen an konkreten Fallbeispielen. Viele unserer Bücher enthalten zusätzlich Videos, mit denen Sie Schritt für Schritt die vermittelten Inhalte nachvollziehen können. Besuchen Sie unseren YouTube-Kanal mit einer umfangreichen Auswahl frei zugänglicher Videos:

https://www.youtube.com/user/EspressoTutorials.

Kennen Sie schon unser Forum? Hier erhalten Sie stets aktuelle Informationen zu Entwicklungen der SAP-Software, Hilfe zu Ihren Fragen und die Gelegenheit, mit anderen Anwendern zu diskutieren:

http://www.fico-forum.de.

Eine Auswahl weiterer Bücher von Espresso Tutorials:

- Jörg Siebert, Eric Bauer: **Belegaufteilung und parallele Rechnungslegung in SAP® ERP** *http://5217.espresso-tutorials.de*
- Marc Müller: **Praxishandbuch SAP®-Zahllauf – 2., erweiterte Auflage** *http://5249.espresso-tutorials.com*
- Claus Wild: **Praxishandbuch Cash Management in SAP® S/4HANA Finance** *http://5250.espresso-tutorials.de*
- Robin Schneider: **Investitionsmanagement mit SAP inkl. Neuerungen in SAP® S/4HANA – 2., erweiterte Auflage** *http://5279.espresso-tutorials.de*
- Karlheinz Weber: **Schnelleinstieg ins Finanzwesen (FI) mit SAP® S/4HANA** *http://5339.espresso-tutorials.de*
- Michael Eckel, Nergiz Köksal: **Die neue Anlagenbuchhaltung in SAP® S/4HANA** *http://5390.espresso-tutorials.de*
- Robin Schneider: **Praxishandbuch SAP-Geschäftspartner (Business Partner) – Funktionen und Integration in SAP® S/4HANA – 2., erw. Auflage** *http://5468.espresso-tutorials.de*

Bibliografische Information der Deutschen Nationalbibliothek
Die Deutsche Nationalbibliothek verzeichnet diese Publikation in der Deutschen Nationalbibliografie; detaillierte bibliografische Daten sind im Internet unter https://portal.dnb.de abrufbar.

Silke Breest
Kreditmanagement mit SAP® S/4HANA

ISBN: 978-3-960-12236-4

Lektorat: Monika Hong

Korrektorat: Die Korrekturstube

Coverdesign: Philip Esch

Coverfoto: © black-sheep, # 69401509 – stock.adobe.com

Satz & Layout: Tanja Jahns

1. Auflage 2021

URL: *www.espresso-tutorials.de*

Feedback:
Wir freuen uns über Fragen und Anmerkungen jeglicher Art. Bitte senden Sie diese an: *info@espresso-tutorials.com*.

Inhaltsverzeichnis

Vorwort

In diesem Buch lesen Sie über wesentliche Aspekte des neuen Kreditmanagements auf der Basis von SAP S/4-HANA mit der Komponente SAP Credit Management (FIN-FSCM-CR) und SAP Fiori. Das italienische Wort »Fiori« bedeutet Blumen. Sie bekommen hier den großen gemischten Blumenstrauß, für jeden Leser ist etwas dabei.

Dieses Buch ist wie alle Espresso Tutorials praxisnah geschrieben. Die vielen Blumen sind gedacht für Kreditmanager, Kundenberater, Verkäufer, Buchhalter, Administratoren, Anwendungsberater, Projektmanager – alte Hasen und junge Mitarbeiter.

Wir alle kennen den täglichen Spaß mit buchhalterischer Tradition und ultramoderner Computertechnik. In einzelnen Schritten der Kapitel erfahren Sie, wie Sie das Kreditmanagement im Standard implementieren. In kleinen Folgeprojekten erweitern Sie dann Ihre Standardimplementierung. Ihr Kunde im Agrarsektor zahlt in Naturalien, z. B. wie in Brasilien landesüblich mit einem Sack Soja. Sie definieren einen Sack Soja in den Währungseinstellungen als Zahlungsmittel. Anschließend steht Ihnen für das Kreditmanagement die Naturalwährung zur Verfügung. Sie möchten zum Einsatz zusätzlich Mobilgeräte nutzen? Lesen Sie dazu Kapitel 2 und erweitern Sie mit einem kleinen Folgeprojekt Ihr modernes Kreditmanagement.

Mit dem neuen Kreditmanagement konzentrieren Sie sich auf Ihre Risikokunden. Dank der dynamischen Kreditprüfungen sind fast alle Kunden mit automatischen Änderungen berücksichtigt. Die kreditauffälligen Kunden bearbeiten Sie nach klaren Regeln für die Kreditrisikoprüfung und gruppieren sie nach dem Kundenwert.

Mit diesem Buch erhalten Sie nicht nur einen Einblick in das neue Kreditmanagement, sondern Sie führen die ausgelieferten Best Practices ein. Zum Start erfahren Sie wertvolle Tipps für die schnelle und konfliktfreie Einführung. Finanzwesen und Vertrieb arbeiten jetzt zusammen.

Die Firma SAP SE und der Bundesverband Credit Management e. V. arbeiten seit 20 Jahren zusammen. Dieses Buch enthält die Mindestanforderungen an das Kreditmanagement in der aktuellen Version 3.0 [1]. Die Umsetzung für das Kreditmanagement wird mit SAP S/4-HANA FIN-FSCM-CR inklusive SAP Fiori auf Basis der Releases 1809 und 1909 vorgestellt. Ihr Kreditmanagement wäre mit dem neuen Kreditmanagement TÜV-zertifizierbar.

In den Text sind Kästen eingefügt, um wichtige Informationen besonders hervorzuheben. Jeder Kasten ist zusätzlich mit einem Piktogramm versehen, das diesen genauer klassifiziert:

Hinweis

Hinweise bieten praktische Tipps zum Umgang mit dem jeweiligen Thema.

Beispiel

Beispiele dienen dazu, ein Thema besser zu illustrieren.

Achtung

Warnungen weisen auf mögliche Fehlerquellen oder Stolpersteine im Zusammenhang mit einem Thema hin.

Die Form der Anrede

Um den Lesefluss nicht zu beeinträchtigen, verwenden wir im vorliegenden Buch bei personenbezogenen Substantiven und Pronomen zwar nur die gewohnte männliche Sprachform, meinen aber gleichermaßen Personen weiblichen und diversen Geschlechts.

Hinweis zum Urheberrecht

Zum Abschluss des Vorwortes noch ein Hinweis zum Urheberrecht: Sämtliche in diesem Buch abgedruckten Screenshots unterliegen dem Copyright der SAP SE. Alle Rechte an den Screenshots hält die SAP SE. Der Einfachheit halber haben wir im Rest des Buches darauf verzichtet, dies unter jedem Screenshot gesondert auszuweisen.

1 Vorstellung von SAP Credit Management

Im ersten Kapitel starten Sie mit den Anforderungen an ein modernes Kreditmanagement. Danach lernen Sie die neuen Prozesse im Kreditmanagement kennen. Dieses Kapitel bietet Ihnen eine fachliche und betriebswirtschaftliche Basis für die tägliche Arbeit. Sie kennen am Ende auch die Prozesse der Kreditrisikoprüfung, die sich hinter der Software verbergen. Zusätzlich erhalten Sie Tipps für ein schnelles Projekt.

1.1 Anforderungen an ein zeitgemäßes Kreditmanagement

In diesem Abschnitt lesen Sie die neuesten Empfehlungen für die Mindestanforderungen an ein zeitgemäßes Kreditmanagement. Die Empfehlungen werden vom Bundesverband Credit Management (BvCM) herausgegeben und wurden von über 1000 Firmen und Personen erarbeitet und diskutiert. Daran beteiligt waren Personen aus Firmen aller Größen mit unterschiedlichem kulturellen Hintergrund, Vertreter aus Praxis, Forschung und Lehre, namhafte Wirtschaftsdienste sowie Berater und Mitarbeiter der Softwarehersteller, besonders aus dem Hause SAP SE.

Auf dem Bundeskongress des BvCM am 7. und 8. Oktober 2020 wurden die Mindestanforderungen für das Credit Management (MaCM) in der Version 4.0 [2] präsentiert und verabschiedet. Die MaCM werden weltweit angewandt. Sie finden die Bezugshinweise im Literaturverzeichnis. Interessant sind diese Richtlinien für Sie, damit die Umsetzung mit SAP SD (Vertrieb), SAP FI (Finanzen), SAP BP (Business Partner/Geschäftspartner) und SAP Credit Management gut gelingt. Zur Umsetzung eines modernen Kreditmanagements mit dem neuen SAP Credit Management der SAP finden Sie im Buch an vielen Stellen Anregungen. Die SAP arbeitet aktiv mit dem BvCM zusammen.

Elemente und Prozesse im fachlichen Kreditmanagement

Das Kreditmanagement umfasst mindestens die Elemente Grundsätze, Mitarbeiter, Steuerung, Prozesse, Systeme und, Auditierung.

In diesem Buch werden die folgenden Prozesse betrachtet:

- Kundenstammdaten
- Bonitätsprüfung
- andauernde/permanente Bonitätsüberwachung
- Risikoklassifizierung
- Kreditentscheidung
- Forderungssicherung
- Zahlungsbedingungen und Zahlwege
- Rechnungserstellung
- Zahlungsabwicklung
- Mahnwesen
- Reklamationsmanagement
- Liefersperren
- Forderungsbeitreibung
- Einzelwertberichtigung/Ausbuchung

Sie sehen, dass viele Prozesse mit dem Kreditmanagement zusammenhängen. Ich gebe Ihnen daher nachfolgend eine praktische Übersicht darüber, welche Befugnisse für das Kreditmanagement mindestens geregelt sein müssen:

- Festlegung, Änderung und Aufhebung eines Kreditlimits
- Genehmigung von Zahlungsbedingungen, die von den Standardzahlungsbedingungen abweichen oder das maximale Zahlungsziel überschreiten
- Akzeptanz von Teilzahlungsvereinbarungen

- Gewährung von Stundungen
- Akzeptieren von Sicherheiten, die vom Standard abweichen
- Setzen von Mahnsperren
- Verhängung von Liefersperren
- Aufhebung von Liefersperren
- Wertberichtigung und Ausbuchung von Forderungen

Die folgenden Prozesse müssen mindestens dokumentiert sein:

- Festlegung, Änderung und Aufhebung des *Kreditlimits*
- Einräumung eines Kreditlimits gegen die Empfehlung des Credit Managers (CM)
- Einräumung von Zahlungszielen, die von den Standardzahlungszielen abweichen
- Mahnaktivitäten
- Verhängung und Aufhebung von Liefersperren
- Wertberichtigung und Ausbuchung von Forderungen

Über genau diese vielfältigen Prozesse und Befugnisse muss vor Start des Einführungsprojektes zum Kreditmanagement Klarheit bestehen. Das fachliche Projekt geht der IT voran.

1.2 Beschreibung der betriebswirtschaftlichen Anforderungen und Prozesse

Dieser Abschnitt startet mit den Prozessen zu Mindestanforderungen im Kreditmanagement. Sie erkennen hier die Übergänge zu Prozessen im Vertrieb, Versand und zum Rechnungswesen. Diese Prozesse bestehen aktuell in vielen Firmen. Anschließend werden die neuen Prozesse mit SAP Credit Management beschrieben. Sie integrieren in das neue Kreditmanagement Informationen aus Vertrieb, Versand und Kundenbuchhaltung. Dazu gehören auch Informationen aus den automatischen Verfahren wie Abrechnen, Fakturieren, Zahlen, Mahnen,

Klärungsfallbearbeitung, Bonität prüfen und Kreditlimit überwachen. In den Kapiteln 4 und 5 werden die kompletten Prozessketten beschrieben.

Das oberste Ziel bei der Prozessgestaltung ist die konfliktfreie Arbeit von Vertrieb und Buchhaltung/Kreditmanagement. Der Vertrieb (Sales and Distribution) ist der wichtigste Partner eines Kreditmanagers, er zählt zu seiner Kundschaft. Vertriebler bringen Aufträge ein und sichern das Überleben der Firma. Es gibt mit dem neuen Kreditmanagement ein klares Regelwerk zur Beurteilung des Kreditrisikos eines Kunden und zur Verfahrensweise mit dem betreffenden Kunden, die auch an den Vertrieb kommuniziert wird. In ungefähr 90 Prozent der Fälle wird die Kreditrisikoprüfung ungesehen ablaufen. Bei etwa 10 Prozent schlägt eine der Routinen an, um diese Fälle geht es hier im Kreditmanagement. Mit der Softwarekomponente SAP Credit Management, Bestandteil der Lösung SAP FSCM, werden diese Fälle dokumentiert, transparent und nachvollziehbar.

Zu allen Prozessen für ein zeitgemäßes Kreditmanagement gibt es in SAP FSCM, SAP FI, SAP SD und ggf. SAP CRM Entsprechungen, die ich Ihnen in diesem Abschnitt zeigen werde.

Folgende übergeordnete Prozesse sind in jeder Firma Bestandteil eines modernen Kreditmanagements (in Anlehnung an die MaCM 3.0) [1] und werden anschließend im Detail betrachtet:

1. Einrichtung und Pflege der Kundenstammdaten
2. Initiale und folgende Bonitätsprüfungen
3. Klassifizierung des Risikos und Ratings
4. Kreditentscheidungen
5. Vorgabe von Zahlwegen und Zahlungszielen
6. Forderungsbearbeitung und Sicherung
7. Rechnungslegung

8. Mahnwesen und Korrespondenzen
9. Reklamationsbearbeitung und Klärungswesen
10. Sperren von Belegen und Konten für Lieferungen und Leistungen
11. Kaufmännisches und technisches Inkasso
12. (Pauschalwertberichtigung) und Einzelwertberichtigungen

1.2.1 Einrichtung und Bearbeitung der Kundenstammdaten

Bei der Erstanlage von Geschäftspartnern erwartet Sie ein umfangreicher Prozess, um den Stammsatz in ein Füllhorn von ca. 200 Informationen zu verwandeln.

In den Kundenstammdaten bietet SAP Credit Management eine Ergänzung der Geschäftspartnerstammdaten um die Rolle »Geschäftspartner« im Kreditmanagement. Außerdem finden Sie hier zwei extra Registerkarten mit Informationen zum Kreditprofil und den Bonitätsdaten sowie eine komplett neue Benutzungsoberfläche für die Daten zu den Kreditsegmenten mit weiteren Informationen zum Kreditlimit und dessen Steuerung, zu den Kennzahlen und dem Zahlungsverhalten inklusive KPI.

1.2.2 Initiale und folgende Bonitätsprüfungen

Bonität

Die Bonität kennzeichnet die Wertigkeit und Güte eines Kunden. Die Bonitätsprüfung ist der Prozess vor der Risikoklassifizierung. Eine Bonitätsermittlung ist immer von einem positiven Gedanken getragen, jeder Kunde startet wertfrei mit dem Status »neu«.

Im Prozess der *Bonitätsermittlung* zu einem Neukunden sammeln Sie Daten aus externen und internen Quellen, reichern diese mit zusätzlichen Daten an und verarbeiten sie zu Bonitätsinformationen. Ihnen stehen drei Gruppen von Datenquellen zur Verfügung: Kreditinstitute in Form der Bankenauskunft, Eigeninformationen z. B. als Steuerunterlagen und Bonitätsinformationen von Dienstleistern. Letztere sind vor allem spezielle Bonitätsanbieter, deren Daten Sie mit internen Bonitätsdaten zu wertvollen Informationen aufwerten. Voraussetzung ist natürlich, dass Sie die Qualität und Struktur der zugekauften Daten kennen und wissen, wie Ihr externer Bonitätsanbieter Daten aus sozialen Netzwerken einbezogen hat.

Ein eigenes Scoring mit selbst entwickelten Berechnungen berücksichtigt am besten Ihre Anforderungen zur Bonität. Sie folgen dabei Ihrem bestehenden oder neu zu erstellenden Regelwerk zur Bonitätsermittlung.

Bonitätsermittlung: Regelwerk zum Start

Eine sehr empfehlenswerte Informationsquelle zum Aufbau einer eigenen Bonitätsermittlung liefert das Regelwerk der Deutschen Bundesbank [4; 5]. Die Bank erstellt zwar ebenfalls Bonitätsauskünfte und Einstufungen. Ein gewichtiger Vorteil ist jedoch die freie Verfügbarkeit des Regelwerks und der zugehörigen Erläuterungen.

Es ist Aufgabe eines Kreditmanagers, Bonitätsregelwerke zu erstellen und in der Software abzubilden. Dazu hinterlegen Sie als Basis die Ergebnisse der Bonitätseinstufungen für Ihre Geschäftspartner im Stammsatz. Immer wenn neue Informationen eingehen, werden die Bonitätsdaten automatisch geprüft und aktualisiert. Somit findet eine ereignisbasierte, andauernde (dynamische) Bonitätsüberwachung statt.

1.2.3 Klassifizierung des Risikos und Ratings

Ist die Bonität des Geschäftspartners bestimmt, wird in Abhängigkeit zu weiteren Einstufungen, z. B. Größenklasse und Branche, das *Forderungsausfallrisiko* (Kreditausfallrisiko) klassifiziert. Sowohl die Risikoklassifizierung als auch das Rating erfolgen im Kreditmanagement und nicht im Vertrieb. Der Kreditmanager hinterlegt im Stammsatz des Geschäftspartners die Einstufungen zur Bonität und zum Risiko. Er ergänzt Informationen zu Sicherheiten sowie Vorausleistungen und trifft Festlegungen zur Vorauskasse sowie zu Abschlagszahlungen. Diese Informationen finden Sie im Kreditsegment des Geschäftspartners. Weitere gleichartige Sicherungsmaßnahmen gegen Forderungsausfälle folgen den üblichen Verfahrensweisen der Buchhaltung und Bilanzierung. Aufgrund der dynamischen Kreditrisikoüberwachung sind Ratings veränderlich, oft sind sie sogar in jedem Kreditsegment unterschiedlich. Das neue Kreditmanagement basiert auf dem Kundenwert, was dazu beiträgt, Konfliktpotenziale mit dem Vertrieb abzubauen. Ganz im Gegenteil: Kundenbetreuer tragen mit wertvollen Informationen zum Rating bei.

1.2.4 Kreditentscheidungen

Jeder Geschäftspartner, dem Sie einen Lieferantenkredit einräumen, erhält ein Kreditlimit. Sie bestimmen Höhe und Dauer des Kredits, indem Sie die entsprechenden Informationen in den Stammdaten des Geschäftspartners angeben. Der Vertrieb kann an der Bestimmung der Kreditlinie mitwirken, die Entscheidung wird aber im Kreditmanagement getroffen. Die Bewertung hinsichtlich Bonität und Risiko ist der Bestimmung des Kreditlimits vorausgegangen. Für die Entscheidung des Kreditlimits wird der Kunde als rechtliche und wirtschaftliche Gesamtheit betrachtet. Die Festlegung erfolgt für den Kunden insgesamt, für das Kreditsegment und optional auch je Auftrag oder Vertriebsbeleg. Jede Entscheidung ist revisionssicher zu dokumentieren, wobei auch Datenschutz- und Antidiskriminierungsrichtlinien zu berücksichtigen sind.

Es lassen sich erweiterte oder geänderte Kreditentscheidungen mit verbalen und nonverbalen Zusatzeinschätzungen kombinieren. Sind diese politisch oder juristisch motiviert, müssen Sie dafür gesonderte Formulare zum Protokollieren vorsehen.

Nicht kreditwürdige Kunden sind zu kennzeichnen und mit geeigneten Zahlwegen ohne Zahlungsziel (siehe nächster Punkt) zu behandeln.

Zu einem umfassenden Regelwerk gehören neben der Regelung zu Einzelkunden auch Verfahrensweisen zu Kreditentscheidungen bei verbundenen Unternehmen. In Ihrer Firma sollte es genaue Regelungen geben, welche Vorgänge auf das Kreditlimit zu welchem Zeitpunkt anzuwenden sind. Prozesse zu Änderungen des Kreditlimits bzw. der Kreditentscheidungen müssen hinsichtlich der durchführenden Personen und ihrer Bearbeitungsweise genau definiert sein. Für alle Personen im Kreditmanagement legen Sie Vertreter fest. Alle auslösenden Ereignisse, die im positiven Sinn eine Änderung des Kreditlimits bewirken, sind umfassend zu regeln. Ebenso ist ein festgelegtes Szenario mit Regelungen für die Folgeprozesse festzulegen, falls die Kreditprüfung Belege sperrt. Das Ziel ist die Hinführung des Kunden zum Normalprozess oder das Aufgeben der Geschäftsbeziehung, z. B. infolge einer Insolvenz.

1.2.5 Vorgabe von Zahlwegen und Zahlungszielen

Die Vorgabe von Zahlwegen und Zahlungszielen ohne Sofortkasse stellt eine Kreditentscheidung dar. Sie wird im Rahmen der Bonitätsbewertung und Risikoklassifizierung getroffen. Wenn ein Kunde nicht kreditwürdig ist, stehen Ihnen neben den üblichen Sicherheitsleistungen wie Kaution oder Vorauszahlung noch eine Einschränkung der Zahlwege wie Sofortkasse oder Kreditkarte, Regulierungen der Limits und Fälligkeiten offen.

1.2.6 Forderungsbearbeitung und Sicherung

Sie haben eine Einstufung der Bonität vorgenommen. Zusätzlich wurde das Risiko ermittelt. Oberste Priorität haben Geschäftspartner mit Forderungen, die für Ihr Unternehmen bei Ausfall existenzbedrohend werden. Hier sind zusätzliche Sicherungsmaßnahmen erforderlich. In Ihrem Regelwerk bestehen Vorgaben hierzu, wie die Sicherung zu erfolgen hat. Sie prüfen alle Maßnahmen im Kreditmanagement laufend auf ihre Wertigkeit und ihren Erfolg. Darüber hinaus müssen Sie Vorsorge für Großereignisse treffen. Auch die Eigensicherung und Warenkreditversicherung sollten Sie regelmäßig anpassen.

Als Basis für Auswertungen und Analysen zu allen Sicherungsmaßnahmen dient das Berichtswesen mit den neuen Analysemöglichkeiten im Kreditmanagement. Wählen Sie geeignete Werkzeuge, z. B. Business Intelligence oder Analytics Cloud, und Anbieter aus.

Zusätzlich steht Ihnen das *Factoring* offen. Die Abgabe der Forderungsbestände an spezialisierte Firmen kann direkt über Schnittstellen erfolgen. Einerseits entlastet das Ihre Bilanz, andererseits drückt es aber auch auf den Gewinn. Ihre bisherige Verfahrensweise, z. B. aus dem alten Kreditmanagement mit der Komponente FI, können Sie mit der neuen Komponente SAP Credit Management automatisieren.

1.2.7 Rechnungslegung

Im Rahmen der Rechnungslegung müssen Sie nicht nur die Rechnungslegung selbst, sondern auch die Liefertreue kontrollieren. Oft erfolgt die Rechnungslegung konsequent, die Lieferung jedoch verspätet. Während der Fakturierung wird daher nochmals geprüft, ob Positionen in der Rechnung mit der Lieferung übereinstimmen. Sodann werden Lieferungen und Leistungen zeitnah und vollständig abgerechnet. Zur

Sicherheit werden das Fälligkeitsdatum und die Zahlungsbedingungen nochmals auf der Rechnung vermerkt. Die weltweiten Formvorschriften für Rechnungen sind dabei wie bisher einzuhalten. Es empfiehlt sich, Rechnungen elektronisch in den landesüblichen Formaten zu versenden. Verträge und Vereinbarungen in elektronischer Form erleichtern den Dokumentenaustausch, denn auch Folgekorrespondenzen können dann elektronisch verarbeitet und den Kundenverträgen zugeordnet werden. Bei der Migration auf SAP Credit Management ist dafür Sorge zu tragen, dass in der Übergangszeit keine Ausfälle in der Rechnungslegung und bei den Zahlungseingängen entstehen.

1.2.8 Mahnwesen und Korrespondenzen

SAP FSCM bietet neben dem neuen SAP Credit Management auf der gleichen technischen Basis mit SAP FIN-FSCM die Unterkomponenten *SAP Dispute Management* und *SAP Collections Management*. Aus den dort ablaufenden Prozessen »Klärungsfallbearbeitung« und »Forderungsbearbeitung« werden die Informationen vollumfassend in SAP Credit Management fortgeschrieben. Sie verfügen damit über alle erforderlichen Daten für eine Entscheidung zu den Prozessen »Mahnen« und »Korrespondenz«, wenn der Geschäftspartner z. B. wegen fehlender Zahlungseingänge ausgesteuert wird. Die meisten Fälle werden automatisch nach Ihrem Regelwerk prozessiert.

Das Mahnwesen findet nicht in SAP Credit Management statt. Erst wenn eine Kreditentscheidung zu treffen ist und ein Kreditlimitantrag zur Bearbeitung ansteht, wird der Kreditmanager aktiv. Alternativ wendet sich der Vertrieb bei gesperrten Belegen über den Prozess »dokumentierte Kreditentscheidung« an das Kreditmanagement. Die bisherigen Dokumente und die Historie aus dem Mahnwesen liegen dort zur Berücksichtigung vor.

1.2.9 Reklamationsbearbeitung und Klärungswesen

Erst am Ende der Bearbeitungskette aus Klärungsfallbearbeitung (inkl. Reklamationen) und Mahnwesen folgt das Kreditmanagement. Letzteres umfasst dennoch alle drei Bereiche, da im Kreditmanagement jegliche Informationen zusammenlaufen. In das Kreditmanagement fließen die Entscheidungen aus allen Bereichen ein, sodass Ihnen dort die Ergebnisse zur Beurteilung der Kreditentscheidungen vorliegen. In der Übersicht zu den Fällen Ihrer Kunden im Kreditmanagement sehen Sie auch die anderen Fallarten, wie z. B. Klärungsfälle. Die Erfahrung hat gezeigt, dass über 90 Prozent der Reklamationen ganz oder teilweise berechtigt sind und damit auch die Zahlungsabweichungen. Sie ermitteln den strittigen Betrag und stellen für den unstrittigen Anteil die Zahlungswilligkeit des Geschäftspartners her oder führen eine Kreditentscheidung durch. Noch in Bearbeitung befindliche Fälle gehen in die terminierte Wiedervorlageliste.

1.2.10 Sperren von Belegen und Konten für Lieferungen und Leistungen – Sanktionierung

Der normale Prozess startet im Vertrieb mit dem Anlegen einer Kundenbestellung, dem *Kundenauftrag*. Es folgt die Kommissionierung und Auslieferung der Ware. Der Lieferschein begleitet die Ware. Aus dieser logistischen Prozesskette ergibt sich die finanzielle Prozesskette, die in den Komponenten des Rechnungswesens abgebildet wird. Mit dem neuen Kreditmanagement wird eine erweiterte Funktionalität zur Überwachung der finanziellen Wertschöpfung entlang der logistischen Prozesskette eingerichtet. Sie soll Ihnen ermöglichen, das Geld schneller und sicherer Ihrem Unternehmen zuzuführen. Dabei schützen *Sanktionen* Sie vor finanziellen Ausfällen von Lieferungen oder Leistungen. Das Ziel ist immer die Rückkehr in den Normalprozess und die Aufhebung der gesetzten Sperren. Das neue Kreditmanagement bietet Ihnen eine erweiterte Prozessintegrationen und softwarebasierte Folgeprozesse zur Beschleunigung des Workflows für die Bearbeitung der Abweichungen vom Normalfall.

Dazu gehört das Sperren von Belegen im Vertrieb oder von Konten im Kreditmanagement als Ergebnis der Kreditrisikoprüfung. Diese Sperren stellen zwar eher die Ausnahme dar, führen aber bei einem hohen Kundenaufkommen oder bei Großaufträgen schnell zu einer Bindung von vielen Millionen Euro. Daher werden Prozesse speziell mit dem neuen Kreditmanagement und allgemein mit SAP FSCM so eingerichtet, dass automatisch und regelbasiert Entscheidungen zu Folgeaktivitäten getroffen werden. Als Beispiel dienen hier der statische Mahnprozess und seine Schrittfolge, inklusive Korrespondenzen und Folgeaktivitäten wie die Abgabe zum Inkasso. Eine automatische Sperre der Belege zur Auslieferung muss immer auch mit einem Schutz der Ressourcen einhergehen und die Produktion oder Nachbestellung für diesen Kunden sperren.

Es gibt im Regelwerk nach der Sperre von Aufträgen, Lieferungen oder Fakturen einen positiven Weg zurück zum Normalprozess, aber in etwa 10 Prozent der Fälle auch einen negativen Weg: die Rückabwicklung der Aktivitäten und Rückbuchung in den Bestand, ggf. gefolgt von der Einlagerung und dem Weiterverkauf. Diese Fälle werden neu gestaltet und anschließend für die Softwareimplementierung vorgesehen. Nach einem Vortest werden sie von den beteiligten Personen in Vertrieb und Kreditmanagement einem Prozesskettentest unterzogen. Dieser hilft Ihnen, neben der Software auch den Workflow im neuen Kreditmanagement besser kennenzulernen. Außerdem werden Vorgänger im Vertrieb und Nachfolger in der Kreditrisikobearbeitung, die Kreditmanager, trainiert sowie die Qualität der Kreditlimitbearbeitung geprüft. Die durchgängige Qualitätssicherung in der Prozesskette vom Vertrieb bis zur Kreditentscheidung bildet den wichtigsten Teil im Umgang mit den »Negativfällen« im neuen Kreditmanagement. Hier liegen die größten Veränderungen und Potenziale gegenüber dem alten Regelwerk, den bisherigen Prozessen und beteiligten Personen. Mit dem neuen Kreditmanagement erfolgen alle damit verbundenen Arbeiten mit FIN-FSCM-CR, SD und FI.

1.2.11 Kaufmännisches und technisches Inkasso

Das Inkasso soll alle Maßnahmen beinhalten, die Ihre Ware sichern und finanzielle Ansprüche geltend machen. Da Sie parallel Pauschalwertberichtigungen vornehmen, wirkt sich hier jeder Erfolg direkt auf den Gewinn aus. Gewöhnlich wird das Inkasso dem Mahnwesen zugeordnet. Eine Aufsicht im Kreditmanagement ist aber sehr zu empfehlen. Alle Ergebnisse aus dem Mahnwesen, also dem *Collections Management*, sind wertvolle Informationen für die Bonitäts- und Risikoprüfung und damit letztlich für die Kreditentscheidung. Mit dem neuen Kreditmanagement sollen neue Informationen automatisch eine Änderung in den Stammdaten des Geschäftspartners bewirken. Dies gilt für Mahnstufen, Bonität, Änderung der Risikoklasse sowie für das Kreditlimit im Kredit- und im Hauptkreditsegment. Alle Daten sind archivierbar. Die Historie, auch die Änderungshistorie, wird fortgeschrieben und bietet Ihnen eine wertvolle Hilfe bei der Kreditentscheidung. Der Funktionsumfang geht weit über das bisherige Kreditmanagement hinaus, gerade was die Fortschreibung der Informationen und die Aufzeichnung der Historie angeht. Die Gestaltung der Folgeprozesse bei Sanktionierung ist jetzt bereits im Standard vorhanden. Eine wesentliche Neuerung ist die Einrichtung eines zentralen Kreditmanagements über alle Kundenbestände in der gesamten Firma und über alle Softwaresysteme hinweg. Dies erfolgt durch die technische Zusammenführung aller Kreditsegmente als Untereinheiten in SAP Credit Management als *Hauptkreditsegment*. Ab dem Zeitpunkt der Nutzung des Hauptkreditsegments führen Sie alle Informationen für das Kreditmanagement zusammen.

1.2.12 Einzelwertberichtigungen

Einzelwertberichtigungen, d. h. das zumeist ganz oder teilweise Ausbuchen von Forderungen, sind das »bittere Ende« im Kreditmanagement. In mittleren und größeren Firmen gibt es immer ein striktes Verfahren, wie der Weg zur Einzelwertberichtigung aussieht. Jedoch gibt es auch Ereignisse, durch die eine Einzelwertberichtigung als Normalprozess gilt. So können politische oder ethische Gründe zu einer Ausbuchung führen, z. B. wenn ein Patient stirbt oder eine politische Absicht – Deutschland erhält einen ständigen Sitz im UN-Sicherheitsrat – nicht erreicht werden kann. Das neue Kreditmanagement unterstützt Sie dynamisch in der Überwachung der Ziele mit Frühwarnindikatoren, Berichten und ereignisbasierter Aussteuerung im Standard bis auf Geschäftspartner- und Belegebene. Oberstes Ziel ist stets, dass Einzelwertberichtigungen reduziert werden und dass Geld im Unternehmen bleibt. Doch steht Ihnen für extreme, unvorhergesehene Ereignisse wie eine Katastrophe, Epidemie oder Pandemie die schnelle Anpassung via Massenänderung für alle relevanten Datenfelder zur Verfügung.

1.3 Neue Prozesse mit dem Kreditmanagement in SAP S/4HANA

Das neue Kreditmanagement mit SAP Credit Management ermöglicht zwei wichtige Prozesse:

- Kreditlimitantrag (positiver Prozess)
- dokumentierte Kreditentscheidung (negativer Prozess)

Die Unterscheidung in positiv und negativ bezieht sich auf das auslösende Ereignis: die Kreditprüfung. Während im positiven Prozess »Kreditlimitantrag« kein Beleg oder Konto gesperrt sein muss, liegt im negativen Fall immer ein gesperrter Beleg oder ein gesperrtes Konto vor. Die Kreditprüfung ist dort zu einem ablehnenden Ergebnis gekommen.

Beide Prozesse unterliegen im Standard der Steuerung durch einen eingerichteten, ausgelieferten Workflow. Dieser Workflow verfügt über eine Ereignissteuerung. Sie können diese im Rahmen einer Fallbearbeitung verfeinern oder ändern und so an Ihre Firmenerfordernisse anpassen. Der eingerichtete Workflow kann als Laufweg der Akte oder des Falles angesehen werden. Die Steuerung der Bearbeitung im Workflow unterliegt einer aufwärtsgerichteten Statusverwaltung. Jeder Schritt in der Bearbeitungsfolge (dem Workflow), vom Start bis zum Ende, wird mit einer aufsteigenden Nummerierung versehen und hat definierte Vorgänger und Nachfolger. Diese Statusverwaltung, die für viele SAP-Prozesse verwendet wird, definieren Sie im Customizing des Kreditmanagements. Die Beschreibung finden Sie in Kapitel 7. Mit dem Umsetzen der Status verfügen Sie so gleichzeitig über einen Genehmigungsworkflow. Sie finden im selben Kapitel auch Tipps zur Anwendung des Vier-, Sechs- oder Acht-Augen-Prinzips.

Schauen wir uns nun die beiden Prozesse im Detail an.

1.3.1 Die dokumentierte Kreditentscheidung

Die dokumentierte Kreditentscheidung ist Bestandteil der Kreditprüfung im Verkaufsprozess. Angestoßen wird sie wie bisher durch gesperrte Vertriebsbelege. Dabei werden der Kundenauftrag, die Lieferung und die Faktura mit dem Betrag als Obligo gegen das verfügbare Kreditlimit im Kreditsegment geprüft. Schlägt die Kreditlimitprüfung fehl, ist die Toleranzgrenze oder die Kreditlinie ausgeschöpft, und die Belege werden gesperrt. Als Folgeaktion wird automatisch die Fallart Dokumentierte Kreditentscheidung angelegt, wie das Beispiel in Abbildung 1.1 für einen Vertriebsbeleg mit der Fall-ID *30000000502* zeigt.

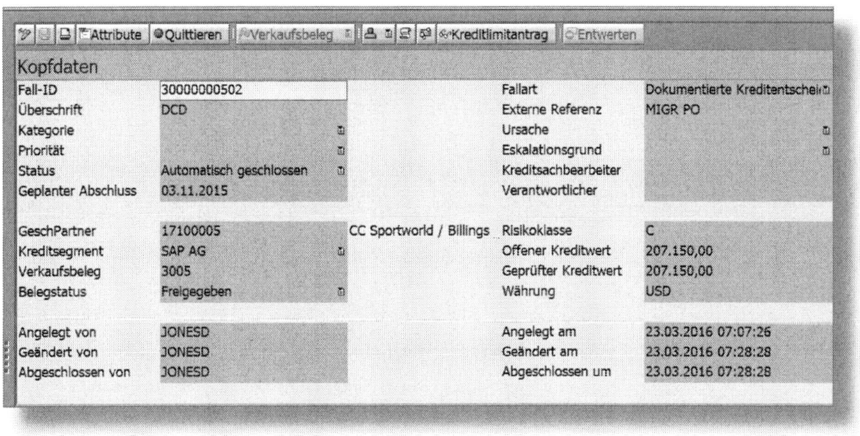

Abbildung 1.1: Dokumentierte Kreditentscheidung – Fall 30000000502

Alternativ ist es möglich, eine dokumentierte Kreditentscheidung mit der Fallart »FDCA« für ein ganzes Geschäftspartnerkonto anzulegen. Diese Variante wird seltener und vorzugsweise aus dem Kreditmanagement heraus verwendet. Im Ergebnis wird das komplette Konto des Geschäftspartners gesperrt, und es sind keine Aktionen im Vertrieb möglich.

Wir betrachten weiterhin unseren gesperrten Vertriebsbeleg in Abbildung 1.1. Sie rufen diesen Fall entweder in der SAP-Fiori-App »Kreditfälle verwalten« im SAP-Fiori-App-Katalog unter »Kreditgesperrte Verkaufsbelege« oder im S/4HANA-Menü über die Transaktionen *UKM_CASE* und *UKM_MY_DCDS* auf. Alternativ nutzen Sie folgenden Menüpfad: SAP Easy Access • SAP Menü • Rechnungswesen • Financial Supply Chain Management • Credit Management • Dokumentierte Kreditentscheidungen • UKM_CASE • Fälle im SAP Kreditmanagement und/oder UKM_MY_DCDS – Meine Dokumentierten Kreditentscheidungen.

Aufruf der Fälle im Kreditmanagement

Ihnen werden in den jeweiligen Transaktionen immer beide Fallarten angezeigt. Achten Sie in der Anfangsphase auf die richtige Auswahl. Sie können Zug um Zug Auswahl und Anzeige für Ihre Arbeit anpassen.

Die bisherige Verfahrensweise für gesperrte Belege über die Transaktion *VKM1* bleibt sichtbar, wird aber sukzessive durch den Prozess der dokumentierten Kreditentscheidung abgelöst. Sobald Sie einen Beleg sperren, wird immer automatisch ein Fall im Kreditmanagement erstellt. Eine manuelle Erstellung ist im Standard nicht vorgesehen.

Eine dokumentierte Kreditentscheidung soll veranschaulichen, wie es zu dieser Kreditentscheidung gekommen ist. Sie verwalten alle diesbezüglichen Dokumente und Berechnungen, das Kreditlimit, die verwandten Auszüge zu Zahlungen, Mahnungen, Belege und Notizen zum Zeitpunkt der Entscheidung.

Kommt es zu einem ablehnenden Beschluss, wird der Geschäftspartner mittels des Formulars »Momentaufnahme« (Snapshot) informiert. Als nächster Schritt ist dann beispielsweise die Rückabwicklung der logistischen Aktivitäten einzuleiten. Bei Bedarf sichern Sie unterwegs befindliche Ware oder verfolgen andere Aktionen, die hierzu in Ihrer Firma festgelegt sind.

Alle Dokumente, Notizen und Belege zu einem Fall lassen sich nachverfolgen. Nachdem Ihre Bearbeitung abgeschlossen ist, ändern Sie den Bearbeiter und Status und weisen den Fall so dem nächsten Bearbeiter oder der nächsten Gruppe zu. Auf diese Weise verfahren Sie mit dem Workflow, bis der Fall abgeschlossen werden kann. Dann sind keine Änderungen mehr möglich.

Der Kreditmanager sperrt während der Fallbearbeitung ggf. das Konto des Geschäftspartners und überwacht es, bis alle offenen Posten ausgeglichen oder geklärt sind. Die weitere Verfahrensweise richtet sich nach den Richtlinien in Ihrem Unternehmen.

Wenn Ihr Kunde positiv auf die Fallbearbeitung reagiert, indem er z. B. den ausstehenden Betrag zahlt, hat der Kreditmanager die Möglichkeit, die Kreditentscheidung zu ändern. Er eröffnet dazu einen Fall in der Fallart »Kreditlimitantrag« und strebt darüber eine teilweise oder gänzlich positive Entscheidung an. Dies sichert den Fortbestand der Geschäftsbeziehung.

1.3.2 Der Kreditlimitantrag

Ein Kreditlimitantrag hat die Änderung der Kreditlinie zum Ziel. Diese Fallart folgt gleichfalls einem Workflow. Sie kann jederzeit manuell oder automatisch angelegt sowie solo oder als Teilprozess eingerich tet werden. In vielen Einzelschritten lässt sich der Workflow sehr detailliert ausgestalten. Wie zuvor wird der Prozess des Kreditlimitantrags mit Statusänderungen und dem Setzen des Folgebearbeiters weitergeleitet. Dieses Grundprinzip ist der Fallbearbeitung eigen und dem Laufweg einer Akte entlehnt. Zum Schluss wird die Fallakte geschlossen.

Die inhaltliche Bearbeitung eines Kreditlimitantrags ist schnell beschrieben: Es gibt einen Anlass, das Kreditlimit in einem oder mehreren Kreditsegmenten zu ändern. Ob die Bonität, das Risiko oder Rückmeldungen aus dem Mahnprozess Anlass dazu geben, sei hier nicht diskutiert. Wichtig für die Bearbeitung ist eine vollständige Übersicht über die Stammdaten und Bewegungsdaten des Geschäftspartners. Diese liefert Ihnen die Fallakte. Darin sammeln Sie Belege, Notizen sowie Historiendaten und können im Stammsatz des Geschäftspartners zu jedem Zeitpunkt eine Kreditberechnung ausführen. Damit treffen Sie eine zeitnahe Entscheidung zur neuen Höhe des Kreditlimits und Weiterführung der Geschäftsbeziehung. In der Anzeige zum Fall sehen Sie zudem die Historie der Bearbeitung des Kreditlimits und alle aktuellen Entscheidungen (siehe Abbildung 1.2). Die Inanspruchnahme wird zusätzlich angezeigt.

Abbildung 1.2: Kreditlimitantrag

Diese Kurzbeschreibung sollte Ihnen aufzeigen, warum alle Prozesse jetzt softwarebasiert stattfinden. Eine weitere Verwaltung ist nicht vorgesehen, die Daten werden einmalig übernommen. Bitte denken

Sie auch an die Übernahme Ihrer Schattendaten aus Exceldateien im Rahmen der Datenmigration.

1.3.3 Die Prozesse im Kreditmanagement

Die Prozesse für die Kreditrisikoüberwachung mit SAP Credit Management erfolgen in den Komponenten SD und in FI komponentenübergreifend unter Einbeziehung des Vertriebs. Je nach Firma sind weitere Komponenten oder Industrielösungen in die Kreditüberwachung oder die Korrekturen eingebunden. Die Ergebnisse werden in die Stammdaten der Geschäftspartner geschrieben. Ihnen ist nun schon mehrfach das wichtige neue Element *Kreditsegment* begegnet. Ein Kreditsegment ist eine frei vorgenommene Einteilung nach Kriterien, wie sie in etwa für den Buchungskreis, Finanzkreis oder Kostenrechnungskreis gelten. Oft wird der Buchungskreis als Basis genommen. Sie sind jedoch frei in der Festlegung, wie Sie Ihre Kreditsegmente sinnvoll definieren (mehr dazu finden Sie in Kapitel 7).

Die Daten im Kreditsegment ergänzen die allgemeinen, für alle SAP-Komponenten gültigen Informationen des Geschäftspartners (siehe auch Abschnitt 3.1) und den damit verbundenen Prozessen (siehe auch Abschnitt 3.2 und Kapitel 5). Sie finden in der Ansicht des Geschäftspartners in Ihrem SAP-S/4HANA-System die bekannten Drucktasten und Reiter vor. Die zusätzlichen Informationen, Button und Registerkarten für das SAP Credit Management lernen Sie in diesem Buch kennen. Wir starten im nächsten Absatz mit der Registerkarte RISIKOERMITTLUNG.

Kreditprofil für die Risikoermittlung

Die Angaben auf der Registerkarte RISIKOERMITTLUNG sind sehr umfangreich, und einige Informationen erwarten Sie vermutlich eher an anderer Stelle. Ich empfehle Ihnen, auf dieser Registerkarte keine Umgruppierung der Felder vorzunehmen. Erfahrungsgemäß werden nicht alle Zuordnungen in Programmen berücksichtigt, was eine hohe Fehlerquote zur Folge hat.

Die *Risikoermittlung* ist in den allgemeinen Daten zum Geschäftspartner angesiedelt und damit unabhängig vom Kreditsegment gültig. Über die Einträge in die Felder des Geschäftspartnerstammsatzes erstellen Sie das *Kreditprofil*. Die Risikoermittlung erfolgt über eine Kombination aus Bonitätsermittlung und firmenspezifischer Risikoklassifizierung.

Der erste Schritt für die Risikoermittlung ist die Bonitätsermittlung. Sie folgt einem internen Schema, welches im Customizing für die Komponente SAP Credit Management hinterlegt wird (siehe Kapitel 7). Dort definieren Sie für den Geschäftspartner auch das Verfahren zur Bonitätsermittlung, z. B. auf Basis der Kundengruppe wie Privatkunde, Geschäftskunde, Neukunde oder Bestandskunde. Im Stammsatz des Geschäftspartners wählen Sie dann die im Customizing hinterlegten Verfahren aus. Sie können anschließend im Modus »Ändern« die Bonität des Geschäftspartners berechnen. Das Ergebnis wird im Feld INTERNE BONITÄT sichtbar. In der RISIKOKLASSE wird die berechnete Einstufung ausgegeben. Sie können alternativ via Feldauswahl Werte eintragen. Die genaue Verfahrensweise wird in Ihrer Firma festgelegt. Der Normalfall ist die Berechnung anhand eines hinterlegten Schemas. Im Feld PRÜFREGEL wählen Sie das Verfahren für die Bestimmung des Kreditlimits. Anschließend legen Sie über die Vorauswahl eine Kreditgruppe fest. Die Felder zu den externen Kreditauskünften im mittleren Bereich des Screens werden automatisch oder manuell ergänzt. Für die Arbeit im Kreditmanagement müssen sie nicht gefüllt sein.

Die Felder im unteren Drittel, NOTIZEN und ZUSATZINFORMATIONEN, füllen Sie bei Bedarf. Hier werden auf den ersten Blick Besonderheiten zu den Kreditsegmenten ersichtlich. Die CHRONOLOGISCHE ÜBERSICHT ist für interne Bearbeiter und externe Zulieferer eine gute Basis für die Wiedervorlageliste und den Stand der Aktivitäten. Mittels Kundenerweiterungen können diese Felder mit wertvollen Zusatzinformationen gefüllt werden. Im Standard sind manuelle Einträge vorgesehen. Eine Besonderheit für die Zusatzinformationen ist die Möglichkeit der Verwaltung in mehreren Sprachen, da die Informationen hier für alle Kreditsegmente gültig sind.

Bonitätsprüfung

Auch die Bonitätsdaten sind im allgemeinen Teil des Kreditpartners hinterlegt und somit unabhängig vom Kreditsegment, also universell gültig. »Kreditpartner« bezeichnet hier den Geschäftspartner oder Kunden in seiner Rolle für das Kreditmanagement. In den Abschnitten 3.1 und 3.2 sehen Sie Beispiele zum Aufbau der Geschäftspartnerstammdaten.

Der Prozess zur Bonitätsprüfung wird von vielen Firmen ausgelagert. Die Daten werden von Dienstleistern bezogen, periodisch eingespielt und in das firmeninterne Schema gemappt. Sie sehen diese Daten dann im Geschäftspartnerstammsatz. Wenn Sie die Bonitätsprüfung in Eigenregie durchführen, erfolgt eine Berechnung auf Basis dieser Ergebnisse extern durchgeführter Aktivitäten. Dieser Vorgang findet automatisch statt oder wird bei Bedarf manuell angestoßen. Die Ergebnisse werden in die Felder auf der Registerkarte Bonitätsdaten geschrieben. Im Standard von SAP Credit Management verfügen Sie jetzt über mehr Felder und Möglichkeiten zur Berechnung (siehe Abschnitt 3.1 und Kapitel 7). Die Formeln werden im Customizing hinterlegt. Im unteren Bereich der Registerkarte kann Ihre juristische Abteilung Daten einpflegen. Sie finden folgende Felder im Standard vor:

- Bonität mit einer Feldauswahl aus den im Customizing hinterlegten Stufen
- Datum der letzten Bonitätsänderung
- Stand der Bonitätsauskunft
- Ein Feld für den Freitext oder den mitgelieferten Text Ihres Anbieters
- Name des liefernden Bonitätsanbieters
- Rating, das Sie selbst ermittelt oder von extern übernommen haben
- zusätzliche Merker für notleidende Geschäftspartner wie Insolvenz, eidesstattliche Versicherung
- Daten zum gerichtlichen Verfahren

Bei einem sehr großen Kundenbestand beziehen Sie die Werte oder Informationen für Felder wie Insolvenzen aus amtlichen Quellen, z. B. dem Bundesanzeiger.

Kreditlimit und Steuerung

Die Felder und Prozesse für das Kreditlimit und die Steuerung in der Kreditrisikoüberwachung sind wie die folgenden Angaben zum Zahlungsverhalten immer auf das jeweilige Kreditsegment bezogen. Sie finden zwei Gruppen von Informationen: zum Kreditlimit und zur Steuerung. In den Stammdaten des Geschäftspartners im oberen Bereich des Bildschirms finden Sie unter Kreditlimit Felder zu Ihrem Verfahren für das Kreditlimit, z. B. *Neukunde privat.* Die Vorauswahl treffen Sie bei der Erstellung des Geschäftspartners im jeweiligen Kreditsegment. Dazu versehen Sie die Festlegung des Kreditlimits und Angaben zur Ausschöpfung des Kreditlimits durch offene Posten/Obligo mit Datumsangaben. Für eine Gesamtübersicht zum Geschäftspartner wählen Sie das Hauptkreditsegment.

Kennzahlen zum Zahlungsverhalten

Das Zahlungsverhalten ist bei fast allen Geschäftspartnern unauffällig. Für die Geschäftspartner, denen in der Kreditüberwachung erhöhte Aufmerksamkeit geschenkt wird, stehen Ihnen im Stammsatz des Geschäftspartners die bewährten Mahnstufen und Sperren, die erweiterte Mahnhistorie und die Daten aus dem FSCM Collections Management für Länder zur Verfügung, in denen Mahnen nicht üblich ist. Auf der Registerkarte Kennzahlen zum Zahlungsverhalten gibt es im Standard vier Gruppen:

1. Höchste Mahnstufe mit Angaben zum offenen Betrag und der Währung, der Belegkennung aus der Buchhaltung oder einem externen System und der Anzahl der Mahnungen

2. Ältester offener Posten mit Angaben zum Betrag sowie zu der Währung, Nettofälligkeit, Belegkennung und den Verzugstagen

3. Letzte Zahlung mit den Angaben Datum der letzten Zahlung, Betrag und Währung sowie Belegkennung

4. Days Sales Outstanding (DSO) als Kennzahl (oder Formel) aus der Buchhaltung oder einem Fremdsystem, Angaben zu Betrag und Währung, ohne Skonto, mit Skonto sowie jeweils Währung und Verzugstage, Umsatz, maximaler Umsatz und Inkassobetrag mit Währung absolut und relativ

Kennzahl »Kapitalbedarf«

Die Kennzahl DSO kann in Kombination mit dem Gegenstück Days Payments Outstanding (DPO) zu einer Berechnung der Kapitaldeckung herangezogen werden. Lagerdauer plus DSO ergeben den Gesamtzahlungszyklus. Davon ziehen Sie wiederum DPO ab und erhalten den Nettozahlungszyklus in Tagen. Für diese Zeit muss Ihre Firma finanzielle Mittel vorhalten, um den Kapitalbedarf zu decken.

Oft werden diese Kennzahlen mittels SAP BI oder SAP Analytics Cloud ermittelt und wieder in das Kreditsegment zurückgeschrieben. Meine Empfehlung für Ihr Berichtswesen ist die Nutzung des Hauptkreditsegments. Kreditmanager erhalten auf diese Weise einen Überblick über das gesamte Unternehmen.

KPI zum Zahlungsverhalten

Üblicherweise werden aus anderen Systemen und Komponenten Kennzahlen fortgeschrieben, die im Kreditsegment sichtbar werden. Eine häufige Integration findet sich etwa zu SAP BI oder zu den Cloudlösungen. Die Aktualisierung dieser Fortschreibung erfolgt nach Ihrer Vorgabe.

Die Art der Anbindung zu SAP BI, in die Cloudlösung oder in Ihr favorisiertes Analysetool hängt von den festgelegten Kennzahlen, den *Key Performance Indicators (KPI)*, und Ihren Unternehmensanforderungen ab. Beim *Kreditvektor* handelt es sich um Kennzahlen zum Zahlungsverhalten des Geschäftspartners und um Analyseergebnisse aus Business Intelligence (BI). Diese Kennzahlen können berechnet bzw.

fertig aus Ihrem Analysetool in die Felder für die KPI zum Zahlungsverhalten der Geschäftspartner geliefert werden. Die KPI zum Zahlungsverhalten werden je Kreditsegment zugeordnet. Im Standard sind die folgenden Gruppierungen vorgesehen:

- *Mahnungen*
  Werte für Betrag und Währung, Anzahl der Mahnungen mit Datum und Mahnstufe mit der zugehörigen ID
- *Ältester offener Posten*
  Betrag und die Währung je Kreditsegment, die Verzugstage und Nettofälligkeit sowie die zugehörige (mitgegebene) ID
- *Zahlungen*
  Beträge und Währungen, das Datum im Feld Zahlung und eine mitgegebene ID
- *Verkauf*
  Werte für Beträge und Währung, Verzugstage, Beträge mit und ohne Skonto, den maximalen Umsatz, den Umsatz, DSO sowie die zum Inkasso gegebenen Beträge absolut und relativ zum Umsatz

Auf der Registerkarte KPI erhalten Sie so eine schnelle Übersicht zum Verhalten und zur Wertigkeit Ihres Geschäftspartners. Das soll helfen, die Kreditentscheidung schneller herbeizuführen. Die Daten auf der Registerkarte KPI können aus Analysesystemen wie dem BI gespeist werden. Für das Senden der Debitorendaten in SAP Credit Management steht Ihnen der Report UKM_TRANSFER_VECTOR (Kennzahlen zum Zahlungsverhalten senden) zur Verfügung. Den Report führen Sie mittels Transaktion *SA38* aus. Sie erreichen ihn alternativ über den Menüpfad SAP Easy Access • SAP Menü • Rechnungswesen • Financial Supply Chain Management • Credit Management • Integration Credit Management mit FI-AR • UKM_TRANSFER_VECTOR – Fortschreibung von Kennzahlen zum Zahlungsverhalten.

Für die Kreditrisikoüberwachung mit der dokumentierten Kreditentscheidung oder den Kreditlimitantrag zur Anpassung des Kreditlimits liefern Ihnen die Kennzahlen schnelle Informationen zum Zahlungsverhalten.

1.4 Voraussetzungen für eine erfolgreiche Einführung des neuen Kreditmanagements

In Abschnitt 1.1 wurde aufgezeigt, dass das fachliche Projekt dem IT-Projekt zur Einführung des neuen Kreditmanagements vorangeht. »Mit dem Business zusammenarbeiten« heißt, zielgerichtet an die Verantwortlichen heranzutreten und ihnen vorab Arbeitsmittel an die Hand zu geben, die sie später zur Implementierung der Prozesse im neuen Kreditmanagement mit SAP Credit Management nutzen. Ein Vorteil dieser Verfahrensweise, die ich Ihnen in diesem Abschnitt vorstellen möchte, ist die Möglichkeit zur parallelen Arbeit an den fachlichen und IT-Themen im Projekt. Zur Einleitung sind hier die Phasen für ein vorbildliches Kreditmanagement zusammengefasst:

- Phase 1: Kundenakquise
- Phase 2: Kreditwürdigkeitsprüfung
- Phase 3: Kreditentscheidung
- Phase 4: Kreditsicherung
- Phase 5: Kreditüberwachung
- Phase 6: Inkasso

Diese Phasen entsprechen den Prozessen in SAP Credit Management und sind den »IT-Lösungen für das Credit Management« des BvCM entnommen [3]. Sie lassen sich für Ihr FSCM-Projekt passgenau umsetzen. Mit dieser Prozesskette haben Sie für das Kreditmanagement an alles gedacht.

Vorbetrachtung für das SAP Credit Management

Bevor Ihr Projekt startet, sollten Sie sich einige allgemeine Fragen beantworten:

1. Wie wollen Sie zukünftig arbeiten? Nutzen Sie Mobilgeräte und damit SAP-Fiori-Apps? Ein S/4HANA-System muss selbstverständlich immer zugrunde liegen. Für einen optionalen Einsatz von SAP-Fiori-Apps lesen Sie zusätzlich Kapitel 2.

2. Wie sieht Ihre zukünftige Softwarelandschaft mit dem neuen SAP Credit Management aus? Nutzen Sie zusätzlich Cloudlösungen und SAP CRM oder weitere Premiumsoftware? Deren Integration wird an vielen Punkten im Buch beschrieben.

3. Welche Dienstleister für Wirtschaftsinformationen werden Sie zukünftig beliefern, welche Informationen im Kreditmanagement generieren Sie selbst?

4. Gibt es in Ihrem FSCM-System Prozesse, die mithilfe des SAP Dispute Management geklärt oder über das SAP Collections Management eingefordert werden müssen?

Die Einrichtung des SAP Credit Management ist auch ein fachliches Projekt zum Kreditmanagement. Die Personen in den Fachbereichen Kundenbuchhaltung, Treasury, Vertrieb/Sales usw. wissen noch nicht, was für die Einrichtung der Prozesse mit SAP vorausgesetzt wird. Das Ziel ist die Verlagerung aller Arbeiten in SAP, keine Arbeit am System vorbei. Früher gab es Laufmappen mit Laufwegen, dann E-Mails und jetzt kommt der Kreditmanagement-Workflow mit Dokumenten und Notizen.

Für die beiden Prozesse »Kreditlimitantrag« und »dokumentierte Kreditentscheidung« zeichnen Sie alles auf. Dazu gehört der komplette Durchlauf mit allen Entscheidungen, reduziert auf Ja/Nein, mit einem Durchlaufplan. Benutzen Sie für die Prozessabbildung eine Software wie MS Visio, Aris oder ein anderes Prozessmodellierungstool; stellen Sie damit den Laufweg nach: Alles wird von Hand zu Hand gegeben oder per E-Mail weitergeleitet und dokumentiert. Jede Person im Prozess dokumentiert, was Sie erhalten hat, was sie in welcher Reihenfolge getan und was sie weitergereicht oder -geschickt hat. Beide Prozesse finden sich im Standard von SAP S/4HANA. Die Workflows lassen sich in einer grafischen Variante ausgeben, in der jede Änderung sofort berücksichtigt wird. Die Darstellung dient Ihnen als Basis für die genaue Beschreibung Ihres Kreditmanagement-Projektes. Für alle weiteren Teilprozesse können Sie Ihre betrieblichen Prozesshandbücher verwenden.

Damit Ihnen das fachliche Projekt und dessen Abbildung mit SAP Credit Management gut gelingen, finden Sie im Weiteren wichtige Aspekte für Ihr Konzept. Darin stellen Sie die Fragen an den Fachbereich, deren Antworten Sie für die Implementierung benötigen. So, wie Sie für eine Zahlungsträgerimplementierung genau zwei Unterlagen brauchen: ein Zahlträgermuster in minimaler und maximaler Formatversion und die Regeln für die Belegung der Felder. Anschließend haben Sie ein Gerüst für das vorgelagerte Konzept und die Einrichtung von SAP Credit Management (siehe Customizing in Kapitel 7).

Zuarbeiten für das Customizing und die Anwendungsvorbereitung

Für die fachliche Einrichtung im Customizing und in der Anwendung des SAP Credit Management erheben Sie vorher oder parallel zur Einrichtung Ihres Projektes die im Folgenden beschriebenen Daten und Informationen. Wir orientieren uns dabei an der Gliederung, die das Customizing von SAP Credit Management mit den verbundenen Komponenten vorgibt. Es existiert ein weiterer Ansatz, der sich für Aufwandsschätzungen sehr bewährt hat: Die zu füllenden Felder und ihre Verwendung werden ermittelt und danach dokumentiert. Dieser Ansatz wird hier nicht verfolgt, weil es sich dabei nicht um ein reines IT-Projekt handelt und vor dem Projektstart noch keine Klarheit über den endgültigen Aufgabenumfang herrscht. Für spätere, detaillierte Erweiterungen gemäß Kundenwunsch wird der »Felder-Ansatz« jedoch präferiert.

Das Customizing erfolgt in den Komponenten SAP Records Management (RM) und Case Management (CM), den anwendungsübergreifenden Funktionen, z. B. für SAP Business Partner, sowie in der Komponente SAP Credit Management in der Lösung SAP Financial Supply Chain Management (SAP FSCM).

Schneller bei der Projektarbeit

Sie sparen durch die parallele Einrichtung der Geschäftspartner in SAP Business Partner, der Fälle im Case Management, der Angabe der gewünschten Kommunikation und Nachrichtensteuerung, der Basisangaben für den Workflow und das Kreditmanage - ment viel Zeit. Die zentral verwaltete Dokumentation steht allen Projektmitgliedern zur Verfügung, sodass Abfragen aus den Fachbereichen nur einmalig erfolgen.

Sie starten mit dem Einrichten in SAP Records Management, gefolgt vom Case Management. Dazu benötigen Sie folgende Informationen:

1. Zur **Einrichtung des SAP-Records-Management-Systems (RMS)** treffen Sie die Entscheidung, wie viele unabhängige RMS Sie betreiben möchten. Fast alle Kunden betreiben nur ein RMS, damit das neue Kreditmanagement zentral gesteuert werden kann. Wir gehen in diesem Buch daher auch von genau einem RMS aus, da eine RMS-übergreifende Suche nicht möglich ist. Wenn Sie sich aus Sicherheitsgründen für eine Variante mit mehreren RMS entscheiden, dann erfolgt die Einrichtung für alle Systeme gleich. Branchenspezifische Anforderungen werden nicht vorausgesetzt, daher empfehle ich die Nutzung im Standard. Sie müssen dafür keine weiteren Vorbedingungen erfüllen. Ihnen stehen direkt die in Kapitel 7 beschriebenen Funktionalitäten zur Verfügung: ein RMS mit den Fallarten »Kreditlimitantrag« und »dokumentierte Kreditentscheidung« für Konto und Beleg, die Nutzung der Fallarten mit der Standardsuche, Dokumente und Notizen sowie die Standardverwaltung. Für Erweiterungen können Sie nach einer kurzen Laufzeit ein Folgeprojekt aufsetzen.

2. Für die **Bearbeitung von Kreditstammdaten der Geschäftspartner** (GP) ist im Standard die Rolle UKM000 vorgesehen. Die Einrichtung des Geschäftspartners ist in Abschnitt 7.2.2 beschrieben. Für dessen Nutzung in der Rolle UKM000 benötigen Sie keine weiteren Informationen.

3. Für die **Einrichtung der Berechtigungen** zu den Objekten sind sehr umfangreiche Zuarbeiten notwendig, die von den firmenspezifischen Anforderungen abhängen. Alle Mitarbeiter im Vertrieb, in der Kundenbuchhaltung und dem Kreditmanagement sind ihren neuen Aufgaben zuzuordnen. Sie benötigen die neuen Rollen *Kreditsachbearbeiter* und *Kreditentscheider* im Kreditmanagement. Zu deren Einrichtung verwenden Sie Ihren firmeninternen Nutzerantrag für Berechtigungen. In Abschnitt 3.3 sind die neuen SAP-Berechtigungsobjekte für das Kreditmanagement aufgeführt. Sofern Sie SAP Fiori für Mobilgeräte und PC einsetzen, müssen Sie ein komplett neues Berechtigungskonzept erarbeiten. Hinweise hierzu finden Sie in Kapitel 2 und in Abschnitt 7.5.

Fassen wir die fachlichen Vorgaben für das Kreditmanagement mit SAP Credit Management in der abschließenden Übersicht noch einmal zusammen:

1. Sie starten mit der *Kreditrisikoüberwachung:*

   - Dazu müssen Sie zunächst die **Kreditsegmente festlegen**. Der Standard geht von einem hierarchischen Aufbau aus. Die oberste Einheit ist das Hauptkreditsegment. Es überwacht das Kreditrisiko für die gesamte Firma. Es kann nur ein einziges Hauptkreditsegment geben. Alle weiteren Kreditsegmente sind gleich strukturiert. Die Vorgaben sollten zentral erfolgen, z. B. nach Vertragsarten, Kundensegmenten usw. Hier sind Vertrieb und Kreditmanagement bis hin zur kaufmännischen Geschäftsführung gefragt.
   - Nächster Punkt ist die **Angabe der Bewertungsverfahren und Bonitätsstufen**. Wenn sich die bisherigen Verfahren zur Bewertung bewährt haben, übernehmen Sie diese. Sie hinterlegen alle aktuell genutzten Berechnungsverfahren und bestimmen entsprechende Bonitätsstufen oder geben Ihre bisherigen Bonitätsstufen an. Bei Nutzung externer Dienstleister tragen Sie die Namen der externen Bewertungsverfahren ein und ordnen diese wie bisher internen Bonitäten zu, damit firmeneinheitliche Zuordnungen existieren. Sollten noch keine Bewertungsverfahren vorliegen, ist der Kreditmanager

für deren Entwicklung zuständig. Er entscheidet auch über die Nutzung oder Archivierung von Altverfahren.

- Die nächste Zuordnung ist die **Kundenkreditgruppe** als ergänzendes Merkmal für die Bewertung. Kunden werden z. B. nach der Größe des Unternehmens geordnet. Die Einstufung erfolgt vom Kreditmanager gemeinsam mit dem Vertrieb. Bisherige Kundenkreditgruppen können Sie übernehmen, insbesondere für Neukunden.
- Die Folgeaufgabe ist das Hinterlegen der **Formeln für die Bonitätsbestimmung**. Die Formeln dienen dem Scoring. Ihre eigenen Formeln müssen Sie in der SAP-Logik definieren. Dazu steht Ihnen ein Formeleditor zur Verfügung, der von erfahrenen Nutzern und Beratern leicht zu bedienen ist. Der formalen Logik und mathematischen Kreativität sind dabei wenig Grenzen gesetzt. Im Bedarfsfall erledigt diese Aufgabe ein Programmierer für Sie. Die Formeln werden nach der Entwicklung umfangreich getestet.
- Zur **Risikobewertung** nutzen Sie neue Risikoklassen für Ihre Kunden oder migrieren die bisherigen.
- Mit der Darstellung der Attribute definieren Sie alle **Kennzahlen zum Zahlungsverhalten** (**KPI**), die Sie im Kreditmanagement nutzen wollen. Eine Ergänzung ist jederzeit möglich. Als Startoption übernehmen Sie die Angaben aus Ihren bisherigen Listen und Berichten.
- Zum Schluss der Kreditrisikodefinition benötigen Sie die Zuarbeit vom Basisteam für die **Web- oder Cloudanbindung** an externe Auskunfteien und Wirtschaftsdienste. Diese übernehmen Sie in das Customizing.

2. Es folgt die *Einrichtung der Geschäftspartner*, sie ist Standard und kann wie in Kapitel 7 gezeigt übernommen werden.
3. Für die *Feldauswahl* benötigen Sie folgende Angaben aus dem Kreditmanagement:
   - **Sperrgründe** in der Kreditlimitprüfung
   - **Infotypen und Infokategorien** in der Kreditlimitprüfung

- **Prüfregeln** für die Kreditlimitprüfung als Schrittverfahren
- **Verfahren** zur Kreditlimitprüfung

Diese Informationen stellt der Kreditmanager bereit. Sollte der Kreditmanager seine Arbeit erst mit diesem Projekt aufnehmen, ist die Kundenbuchhaltung der geeignete Ansprechpartner.

4. Sie benötigen weiterhin vollumfängliche Informationen zur *Statusgestaltung* (Schrittfolge) der Genehmigung und zur Bearbeitung der Fälle im *Workflow*. Hier reichen jeweils die Bezeichnungen der Positionen. Für Vorgänger und Nachfolger müssen keine strikten Einträge hinterlegt werden. Die Bearbeitung sollte aufsteigend erfolgen. Ich empfehle Zehnerschritte für spätere Ergänzungen.

5. Zum Schluss benötigen Sie für die Momentaufnahme zur dokumentierten Kreditentscheidung ein *Formular zur Korrespondenz*. Die Vorgabe kommt vom KAbbildungreditmanager in Abstimmung mit dem Formularverantwortlichen. Für viele Einträge finden Sie Anregungen in Kapitel 7.

Sie haben bisher viele Hinweise zu Personen, Aufgaben und Rollen für das neue Kreditmanagement erhalten. Hier nochmals die Aufstellung, wer im Projekt zur Einführung des neuen Kreditmanagements mitarbeiten sollte:

- Projektleiter
- Projektmanagement
- Basisberater
- Programmierer
- Kreditmanager
- Vertrieb
- Kundenbuchhaltung
- Geschäftsbuchhaltung
- Formularverantwortlicher
- Workflowprogrammierer oder Berater

- FIN-FSCM-CR-Berater
- Berechtigungen
- Administrator
- Tester

Alle Personen werden in Teilzeit mit unterschiedlichen Anteilen geplant. Nur der Berater für SAP Credit Management ist in Vollzeit vorzusehen. Die Ressourcenplanung für einen Entwickler richtet sich nach dem Umfang gewünschter Kundenerweiterungen. Das Projekt kann unterjährig umgesetzt werden und startet nach dem Jahresabschluss. Die Laufzeit ist mit sechs Monaten gut bemessen.

2 SAP-Fiori-Apps

Viele Kreditmanager, SAP-Betreuer und Vertriebler möchten SAP-Fiori-Apps einfach gerne mal sehen. Deshalb widmet sich das folgende Kapitel allein den SAP-Fiori-Apps. Vorzugsweise die Generation U40 und Ihre Vertriebler werden diese neuen Anwendungen lieben. Sie werden leichter neue Mitarbeiter begeistern.

2.1 Der Start mit SAP Fiori im Kreditmanagement

Bevor ich Ihnen in Abschnitt 2.2 wichtige Apps im Kreditmanagement vorstelle und wir dann in Abschnitt 2.3 die Bildfolgen einiger dieser Apps betrachten, sehen wir uns zunächst den Einstieg in die SAP-Fiori-Apps an. Abbildung 2.1 zeigt die Auswahl KATALOG im Standard.

Abbildung 2.1: Katalogauswahl zum Kreditmanagement

Die sechs Gruppen CREDIT CASES, DATEN ANZEIGEN, KREDITKONTEN VERWALTEN, ANALYTISCHE FUNKTIONEN, GESPERRTE VERKAUFSBELEGE und PERIODISCHE AKTIVITÄTEN werde ich Ihnen zunächst in einer Übersicht präsentieren und anschließend anhand mindestens einer SAP-Fiori-App beispielhaft erläutern. Zur ersten Gruppe CREDIT CAses gehören die in Abbildung 2.2 gezeigten Apps »Kreditfälle verwalten«, »Dokumentierte Kreditentscheidung«, »Kreditentscheidungen verwalten – Vertriebsbelege« und »Kreditentscheidungen verwalten – Gesperrte Vertriebsbelege«.

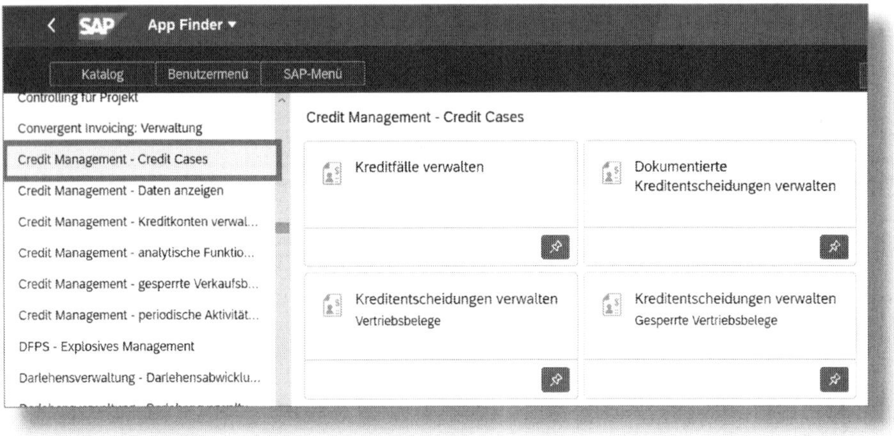

Abbildung 2.2: Gruppe »Credit Cases«

Abbildung 2.3 zeigt die zweite Gruppe Daten anzeigen mit insgesamt sieben Apps.

Abbildung 2.3: Gruppe »Daten anzeigen«

Arten von SAP-Fiori-Apps

Es gibt drei Arten von SAP-Fiori-Apps:

- *transaktionale* Apps – für Bearbeitungen, z. B. Daten anlegen
- *funktionale* Apps – für die Administration, z. B. Rollenpflege
- *analytische* Apps – für Analysen wie KPI, z. B. die mobile Sales-App

In Abbildung 2.3 sehen Sie mit den markierten Kästchen links zwei Beispiele für transaktionale Apps. Die Icons sollen Ihnen die Orientierung erleichtern. So kennzeichnet das Personensymbol den Bezug zu personenbezogenen Daten, ein Blattsymbol verdeutlicht oft den Bezug zu Listen oder Protokollen.

Funktionale Apps sind mit einem Schraubenschlüssel als Icon gekennzeichnet. Diese Apps sind häufig Administratoren vorbehalten und werden für die Rollenpflege, die Einrichtung im Launchpad Designer oder für Systemanalysen genutzt.

Analytische Apps werden fast immer neu designt. Die SAP-HANA-Datenbank vereint Daten unterschiedlicher Quellen in Echtzeit und ermöglicht so die neuen analytischen Apps. Ein Klassiker ist die Sales-App für das iPhone. Es gibt viele weitere mobile Anwendungen wie das Wohnungsabnahmeprotokoll. Die klassische Nutzung erfolgt gemäß den Möglichkeiten von SAP BI. Im neuen Kreditmanagement stehen Ihnen mit den KPI zum Zahlungsverhalten solche analytischen Daten auch für die Desktoptransaktionen zur Verfügung.

Im unteren Teil einer Kachel in Abbildung 2.3 sehen Sie rechts eine gefüllte (blau unterlegte) und eine ungefüllte (weiß unterlegte) Pinnwandnadel. Der blaue Pin steht für eine bereits zugeordnete Kachel zu einer oder mehreren Kataloggruppen im SAP Fiori Launchpad und die Möglichkeit des Bearbeitens dieser Zuordnung. Der ungefüllte Pin steht dafür, dass diese Kachel noch keiner Gruppe zugeordnet ist. Im ersten Schritt wird eine Kachel einer Kataloggruppe im SAP Fiori Launchpad hinzugefügt, und im zweiten Schritt kann diese Zuordnung bearbeitet oder geändert werden, was einer Umordnung der App entspricht. Das ist auf Mobilgeräten mittels Touch- oder Wischgeste und auf Computern über das Kontextmenü schnell erledigt. So sortieren Sie im SAP Fiori Launchpad mit Gruppierung der Apps ihr Benutzermenü wunschgemäß.

Um Ihnen die ersten Schritte im System zu erleichtern, können Sie gemäß Abbildung 2.4 über das Fragezeichen-Icon ❹ die Hilfe aktivieren. Daraufhin öffnet sich unterhalb die Kontexthilfe ❺ und mit Klick darauf ein weiteres Hilfefenster links davon ❻. Hier finden Sie Informationen zu Neuerungen und können die Product Assistance bzw. das SAP Help Portal aufrufen ❼.

Tipps zur Navigation und die Gruppenauswahl von Apps sind über den weißen Kreis links oben im Bild ❶ erreichbar. Mithilfe des Buttons Startseite ❷ wählen Sie gezielt Apps aus, anschließend werden Ihnen dazu passende Themen in der Kontexthilfe ❺ rechts angezeigt.

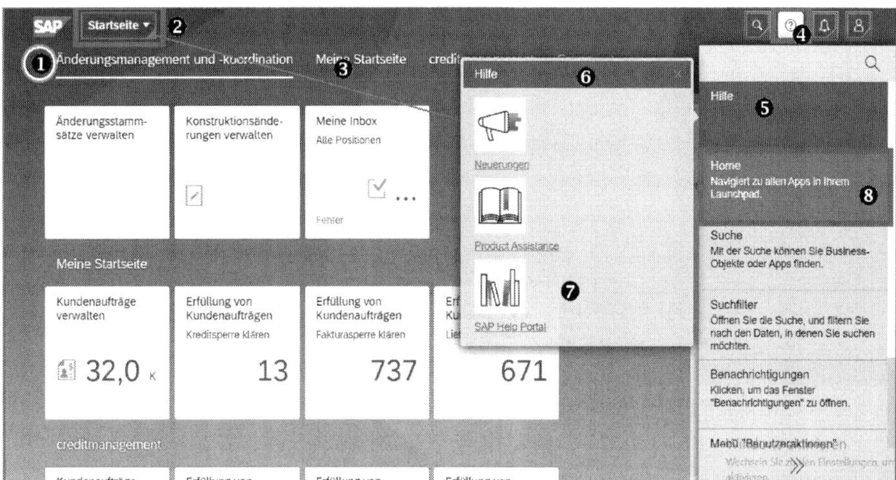

Abbildung 2.4: SAP Fiori mit aktiver Hilfe

Die grünen Hilfehinweise geben wertvolle Tipps, indem sie mit einem Wegweiser auf die genauen Einträge, Tasten und Felder zu einer Aktion (z. B. zur Suche unterhalb von Ziffer ❽) verweisen.

Aktivieren der Touchfunktion in SAP GUI

Für die Arbeit mit Mobilgeräten oder zur erleichterten Bedienung aktivieren Sie in SAP GUI for HTML die Touchfunktion. Sie erreichen die Einstellung entweder direkt über SAP GUI for HTML oder in geöffneten Apps über die Schaltfläche Mehr • GUI-Aktionen und -Einstellungen • SAP GUI for HTML • Einstellungen • Interaktionsdesign • Touch Mode Automatic Detection X. Standardmäßig ist Touchmode off eingestellt. Sie können die Funktion Automatic Detection deaktivieren und dann Touchmode on auswählen.

Aktivieren der Symbole statt Beschriftungen auf Tasten

Wenn Sie anstelle der Beschriftung Symbole auf Schaltflächen bevorzugen, aktivieren Sie diese mittels Haken ganz einfach über SAP GUI for HTML • Interaktionsdesign • CUA Titel und Symbolleiste • Drucktasten mit Symbolen anzeigen.

2.2 SAP-Fiori-Apps kurz vorgestellt

In diesem Abschnitt werde ich Ihnen Beispiele einzelner Apps vorstellen. Bei allen Apps, die ich in mehreren Bildern zeige, ist in Bild 1 der Einstieg in die Auswahl und in Bild 2 das Ergebnis der Auswahl dargestellt. Für die App »Kennzahlen zum Zahlungsverhalten löschen und anzeigen« unterscheiden sich die Ergebnisbilder je nach gewünschter Verfahrensweise, wie im transaktionalen Modus des S/4HANA-Systems: Im Modus Testlauf zeigen sie die Kennzahlen zum Zahlungsverhalten, und im »Echtlauf« können Sie die Kennzahlen löschen. Alternativ zur App verwenden Sie in S/4HANA die Transaktion *UKM_VECTORS* (Kennzahlen zum Zahlungsverhalten löschen/anzeigen). SAP-Fiori-App und Transaktion sind in S/4HANA gleichwertig.

Abbildung 2.5 zeigt Ihnen den Einstiegsbildschirm dieser App bzw. die Transaktion.

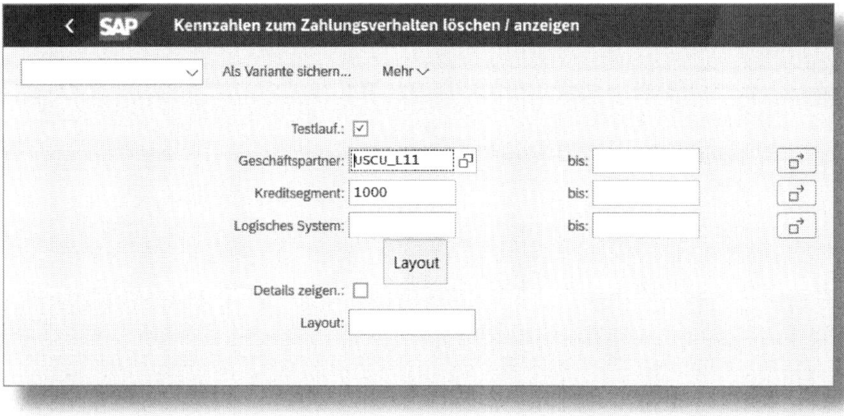

Abbildung 2.5: Kennzahlen zum Zahlungsverhalten – Bild 1

Mit der Wahl von Intervallen und einer Mehrfachselektion haben Sie die Möglichkeit, größere Datensätze anzuzeigen oder zu löschen. In Abbildung 2.6 sehen Sie als Ergebnis das Protokoll für die Kennzahl zum Zahlungsverhalten. Es werden immer noch die ausgeführte Transaktion mit dem Programmnamen, der ausgeführte Modus (hier Dialog-betrieb) und die Protokollnummer angegeben. Sie können das Protokoll so später erneut anzeigen und bei Bedarf auch versenden. Im Beispiel erfolgte vorab ein Testlauf. Dieses Protokoll könnten Sie zur weiteren Kontrolle oder Bearbeitung an die Kreditsachbearbeiter für eine Prüfung des Zahlungsverhaltens senden. Anschließend führen Sie den Echtlauf durch, z. B. zur Löschung der Daten.

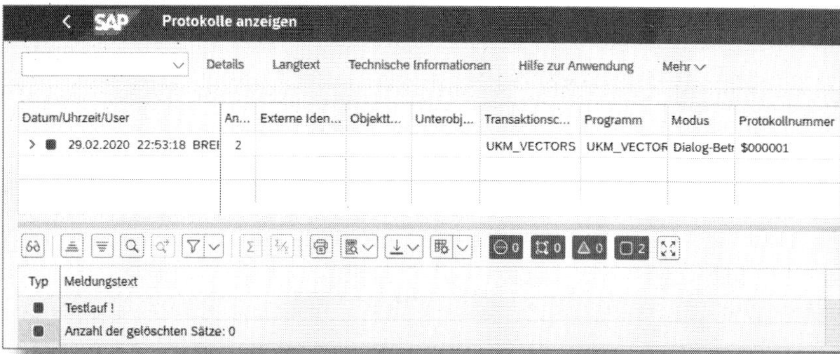

Abbildung 2.6: Kennzahlen zum Zahlungsverhalten – Bild 2

In der App »Obligo« (siehe Abbildung 2.7) erhalten Sie einen Überblick über alle Obligopositionen der Geschäftspartner in den Kreditsegmenten. Sie können im Standard die untergeordneten Konten in die Anzeige einbeziehen. In Bild 1 sehen Sie das Selektionsbild aufgeteilt für den Geschäftspartner und das Kreditsegment. Es ist hier möglich, alle Kreditsegmente inklusive Hauptkreditsegment auszuwählen.

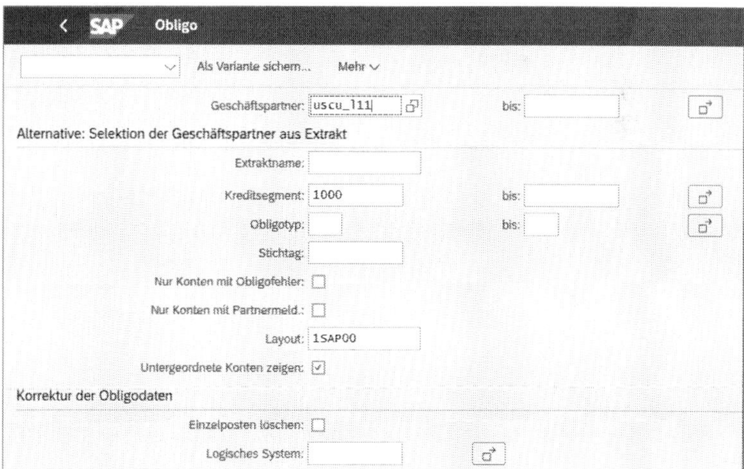

Abbildung 2.7: Obligoanzeige – Bild 1

In Bild 2 für die Obligoanzeige (siehe Abbildung 2.8) sehen Sie zwei Beispiele für ein Obligo: aus *offenen Aufträgen* mit dem Typ *100* und aus *offenen Posten* im FI vom Typ *200*.

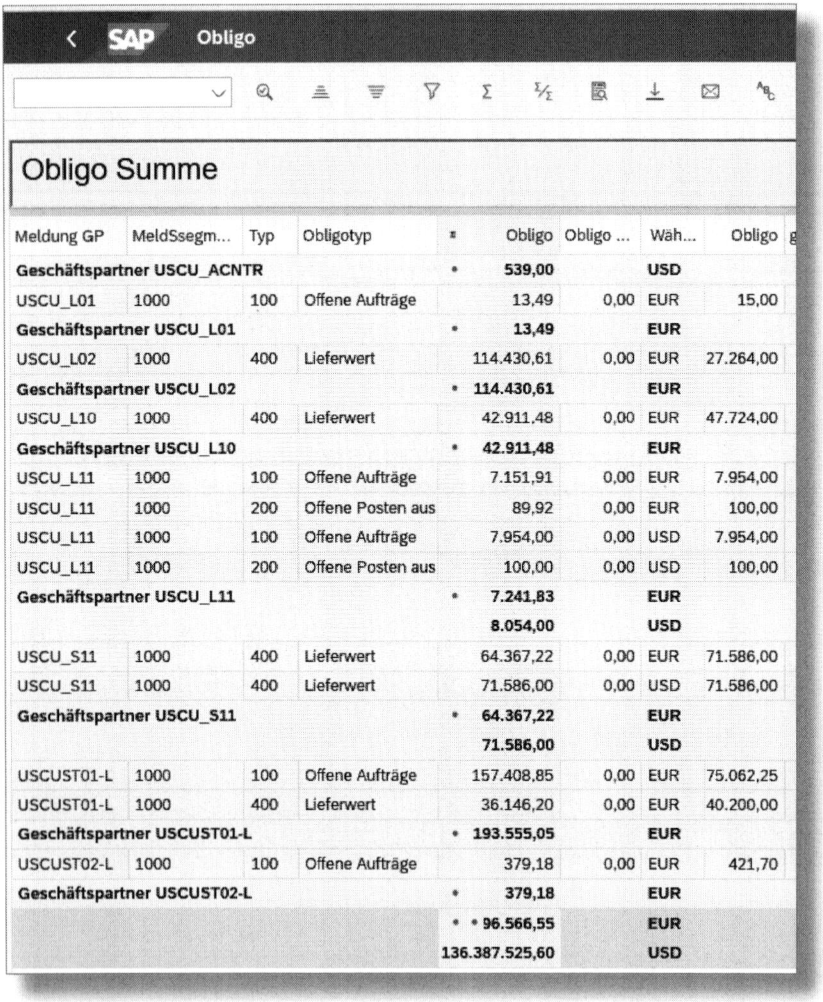

Meldung GP	MeldSsegm...	Typ	Obligotyp	*	Obligo	Obligo ...	Wäh...	Obligo
Geschäftspartner USCU_ACNTR				•	**539,00**		**USD**	
USCU_L01	1000	100	Offene Aufträge		13,49	0,00	EUR	15,00
Geschäftspartner USCU_L01				•	**13,49**		**EUR**	
USCU_L02	1000	400	Lieferwert		114.430,61	0,00	EUR	27.264,00
Geschäftspartner USCU_L02				•	**114.430,61**		**EUR**	
USCU_L10	1000	400	Lieferwert		42.911,48	0,00	EUR	47.724,00
Geschäftspartner USCU_L10				•	**42.911,48**		**EUR**	
USCU_L11	1000	100	Offene Aufträge		7.151,91	0,00	EUR	7.954,00
USCU_L11	1000	200	Offene Posten aus		89,92	0,00	EUR	100,00
USCU_L11	1000	100	Offene Aufträge		7.954,00	0,00	USD	7.954,00
USCU_L11	1000	200	Offene Posten aus		100,00	0,00	USD	100,00
Geschäftspartner USCU_L11				•	**7.241,83**		**EUR**	
					8.054,00		**USD**	
USCU_S11	1000	400	Lieferwert		64.367,22	0,00	EUR	71.586,00
USCU_S11	1000	400	Lieferwert		71.586,00	0,00	USD	71.586,00
Geschäftspartner USCU_S11				•	**64.367,22**		**EUR**	
					71.586,00		**USD**	
USCUST01-L	1000	100	Offene Aufträge		157.408,85	0,00	EUR	75.062,25
USCUST01-L	1000	400	Lieferwert		36.146,20	0,00	EUR	40.200,00
Geschäftspartner USCUST01-L				•	**193.555,05**		**EUR**	
USCUST02-L	1000	100	Offene Aufträge		379,18	0,00	EUR	421,70
Geschäftspartner USCUST02-L				•	**379,18**		**EUR**	
				• •	**96.566,55**		**EUR**	
					136.387.525,60		**USD**	

Abbildung 2.8: Obligoanzeige – Bild 2

Mit der folgenden App »Kreditdaten anzeigen – Segment« zum Anzeigen der Stammdaten des Kreditkontos wählen Sie das Verfahren zur Bonitäts- und Kreditbestimmung aus, das als Betrachtungsbasis für die Ermittlung des Kreditlimits dienen soll (siehe Abbildung 2.9).

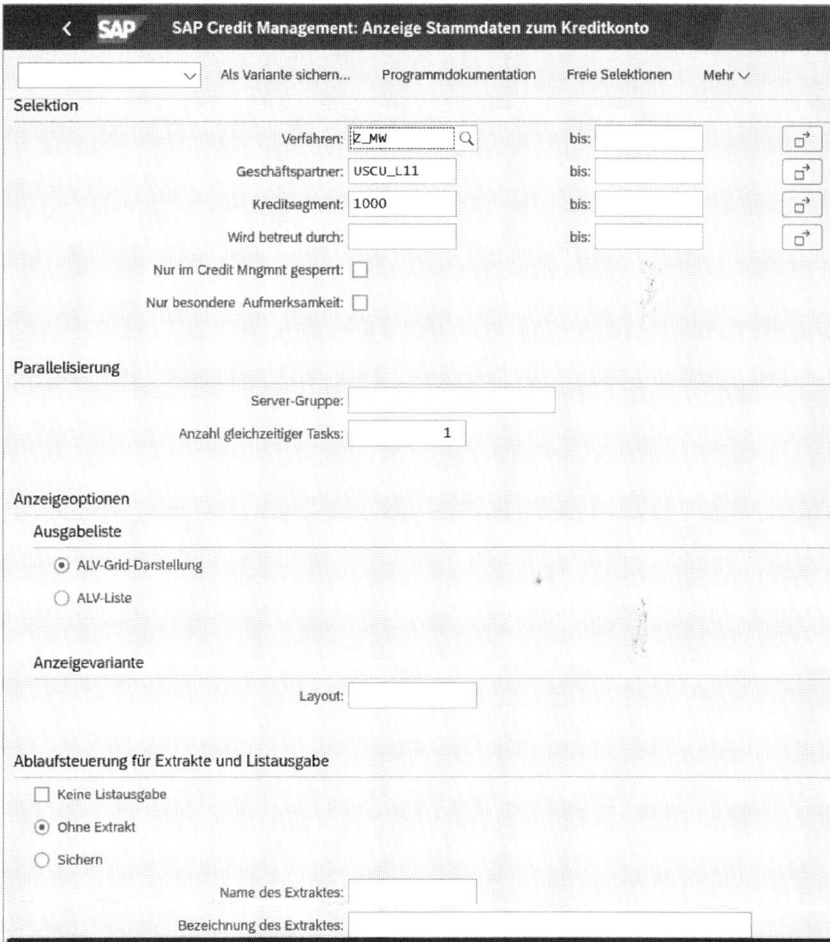

Abbildung 2.9: Anzeige »Kreditsegment« – Bild 1

Nach Angabe der Daten im Bereich Selektion erhalten Sie das Ergebnisbild mit den Geschäftspartnerdaten im gewünschten Kreditsegment (siehe Abbildung 2.10). Die Selektionsdaten stehen im linken Bereich des Bildes.

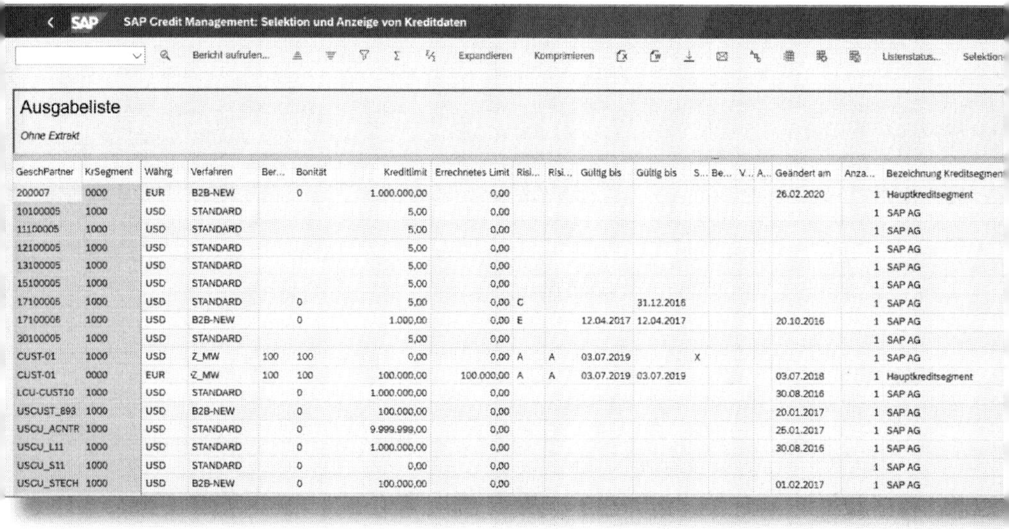

Abbildung 2.10: Anzeige »Kreditsegment« – Bild 2

Eine wertvolle Hilfe vor Einrichtung eines Kundenauftrags sehen Sie in der Liste Kreditlimitausschöpfung (siehe Abbildung 2.11 und Abbildung 2.12).

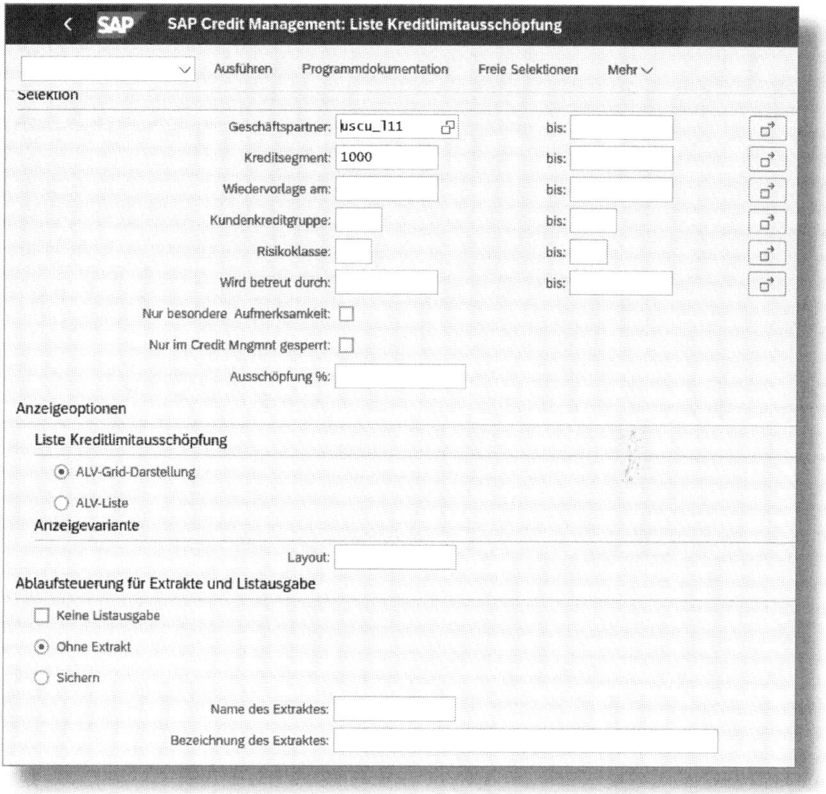

Abbildung 2.11: Kreditlimit – Bild 1

So ist es möglich, bereits vor dem Kundenauftrag einem Konflikt der Kreditlinie vorzubeugen. Ein Kreditlimitantrag kann jederzeit manuell oder automatisch eingerichtet werden; damit lassen sich eine Sperre der Belege und die dokumentierte Kreditentscheidung vermeiden.

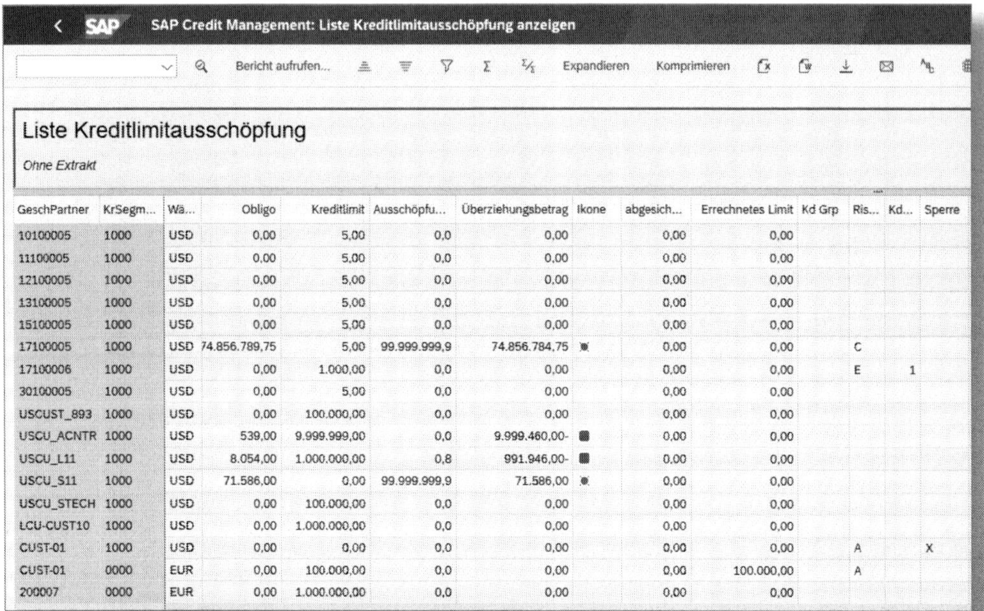

GeschPartner	KrSegm...	Wä...	Obligo	Kreditlimit	Ausschöpfu...	Überziehungsbetrag	Ikone	abgesich...	Errechnetes Limit	Kd Grp	Ris...	Kd...	Sperre
10100005	1000	USD	0,00	5,00	0,0	0,00		0,00	0,00				
11100005	1000	USD	0,00	5,00	0,0	0,00		0,00	0,00				
12100005	1000	USD	0,00	5,00	0,0	0,00		0,00	0,00				
13100005	1000	USD	0,00	5,00	0,0	0,00		0,00	0,00				
15100005	1000	USD	0,00	5,00	0,0	0,00		0,00	0,00				
17100005	1000	USD	74.856.789,75	5,00	99.999.999,9	74.856.784,75	✱	0,00	0,00		C		
17100006	1000	USD	0,00	1.000,00	0,0	0,00		0,00	0,00		E	1	
30100005	1000	USD	0,00	5,00	0,0	0,00		0,00	0,00				
USCUST_893	1000	USD	0,00	100.000,00	0,0	0,00		0,00	0,00				
USCU_ACNTR	1000	USD	539,00	9.999.999,00	0,0	9.999.460,00-	■	0,00	0,00				
USCU_L11	1000	USD	8.054,00	1.000.000,00	0,8	991.946,00-	■	0,00	0,00				
USCU_S11	1000	USD	71.586,00	0,00	99.999.999,9	71.586,00	✱	0,00	0,00				
USCU_STECH	1000	USD	0,00	100.000,00	0,0	0,00		0,00	0,00				
LCU-CUST10	1000	USD	0,00	1.000.000,00	0,0	0,00		0,00	0,00				
CUST-01	1000	USD	0,00	0,00	0,0	0,00		0,00	0,00		A		X
CUST-01	0000	EUR	0,00	100.000,00	0,0	0,00		0,00	100.000,00		A		
200007	0000	EUR	0,00	1.000.000,00	0,0	0,00		0,00	0,00				

Abbildung 2.12: Kreditlimit – Bild 2

In Abbildung 2.13 sehen Sie die App für »Kreditfälle« mit dem Beispiel einer dokumentierten Kreditentscheidung. Das Kürzel »DCD« in steht für Documented Credit Decision, in der Fallart Dokumentierte Kreditentscheidung.

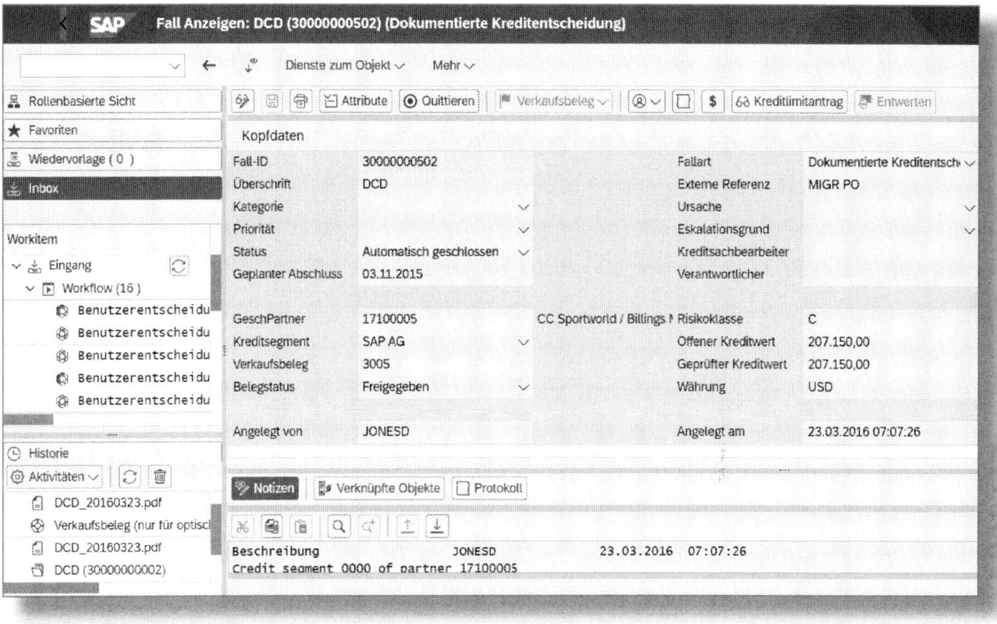

Abbildung 2.13: Kreditfälle »DCD«

In Abbildung 2.14 werden in der App »Kreditentscheidungen verwalten – Vertriebsbelege« die Liste der Vertriebsbelege zum Kreditkontrollbereich A000 angezeigt. Es handelt sich dabei um Vertriebsbelege zu Kreditentscheidungen, z. B. Liefer- oder Verkaufsbelege. Diese Liste zeigt Ihnen die bereits selektierten Belege. Die möglichen Belegstatus sind A und B für nicht oder teilweise bearbeitete Belege. Sie können hier Filter setzen, die Liste sichern und weitere Aktionen vornehmen.

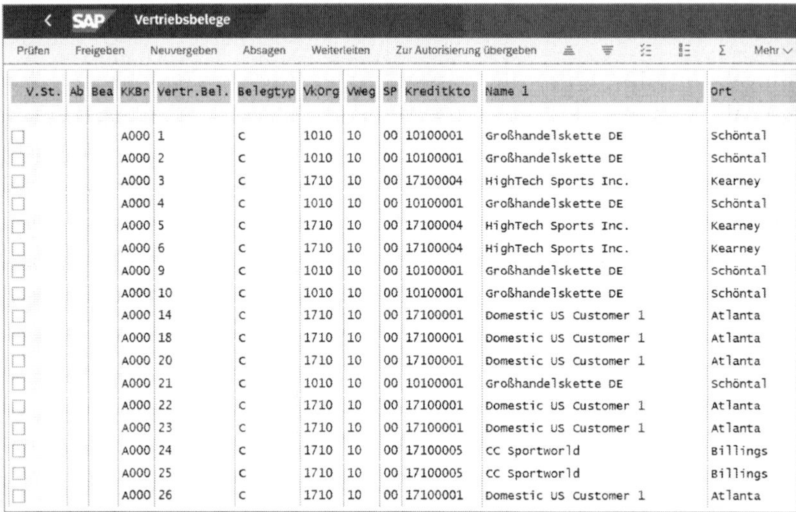

V.St.	Ab	Bea	KKBr	Vertr.Bel.	Belegtyp	VkOrg	VWeg	SP	Kreditkto	Name 1	Ort
			A000	1	C	1010	10	00	10100001	Großhandelskette DE	Schöntal
			A000	2	C	1010	10	00	10100001	Großhandelskette DE	Schöntal
			A000	3	C	1710	10	00	17100004	HighTech Sports Inc.	Kearney
			A000	4	C	1010	10	00	10100001	Großhandelskette DE	Schöntal
			A000	5	C	1710	10	00	17100004	HighTech Sports Inc.	Kearney
			A000	6	C	1710	10	00	17100004	HighTech Sports Inc.	Kearney
			A000	9	C	1010	10	00	10100001	Großhandelskette DE	Schöntal
			A000	10	C	1010	10	00	10100001	Großhandelskette DE	Schöntal
			A000	14	C	1710	10	00	17100001	Domestic US Customer 1	Atlanta
			A000	18	C	1710	10	00	17100001	Domestic US Customer 1	Atlanta
			A000	20	C	1710	10	00	17100001	Domestic US Customer 1	Atlanta
			A000	21	C	1010	10	00	10100001	Großhandelskette DE	Schöntal
			A000	22	C	1710	10	00	17100001	Domestic US Customer 1	Atlanta
			A000	23	C	1710	10	00	17100001	Domestic US Customer 1	Atlanta
			A000	24	C	1710	10	00	17100005	CC Sportworld	Billings
			A000	25	C	1710	10	00	17100005	CC Sportworld	Billings
			A000	26	C	1710	10	00	17100001	Domestic US Customer 1	Atlanta

Abbildung 2.14: Vertriebsbelege mit Kreditentscheidung

Die folgende »App Kreditentscheidungen verwalten – Gesperrte Vertriebsbelege« (siehe Abbildung 2.15) zeigt Ihnen die Möglichkeiten der weiteren Belegbearbeitung. Sie können den gesperrten Beleg prüfen, freigeben, neu vergeben, (den Auftrag) absagen, (zur Bearbeitung) weiterleiten und zur Autorisierung übergeben.

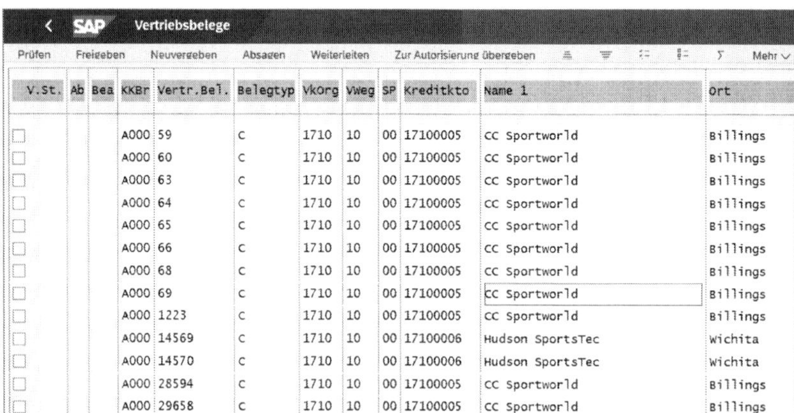

V.St.	Ab	Bea	KKBr	Vertr.Bel.	Belegtyp	VkOrg	VWeg	SP	Kreditkto	Name 1	Ort
			A000	59	C	1710	10	00	17100005	CC Sportworld	Billings
			A000	60	C	1710	10	00	17100005	CC Sportworld	Billings
			A000	63	C	1710	10	00	17100005	CC Sportworld	Billings
			A000	64	C	1710	10	00	17100005	CC Sportworld	Billings
			A000	65	C	1710	10	00	17100005	CC Sportworld	Billings
			A000	66	C	1710	10	00	17100005	CC Sportworld	Billings
			A000	68	C	1710	10	00	17100005	CC Sportworld	Billings
			A000	69	C	1710	10	00	17100005	CC Sportworld	Billings
			A000	1223	C	1710	10	00	17100005	CC Sportworld	Billings
			A000	14569	C	1710	10	00	17100006	Hudson SportsTec	Wichita
			A000	14570	C	1710	10	00	17100006	Hudson SportsTec	Wichita
			A000	28594	C	1710	10	00	17100005	CC Sportworld	Billings
			A000	29658	C	1710	10	00	17100005	CC Sportworld	Billings

Abbildung 2.15: Gesperrte Vertriebsbelege bearbeiten

Abbildung 2.16 zeigt die Möglichkeit der erweiterten Suche von Belegen nach zusätzlichen Kriterien. Im Beispiel wurde die Auftragsnummer übernommen. Ihnen stehen hier im Standard die Suchkriterien Bestellnummer, Auftraggeber, Lieferung, Faktura, PSP-Element und Material zur Verfügung. Der Komfort wird dadurch wesentlich erhöht, insbesondere wenn Ihre Kunden oder Kollegen während der Bearbeitung wichtige Detailinformationen zu sehr umfangreichen Fällen liefern.

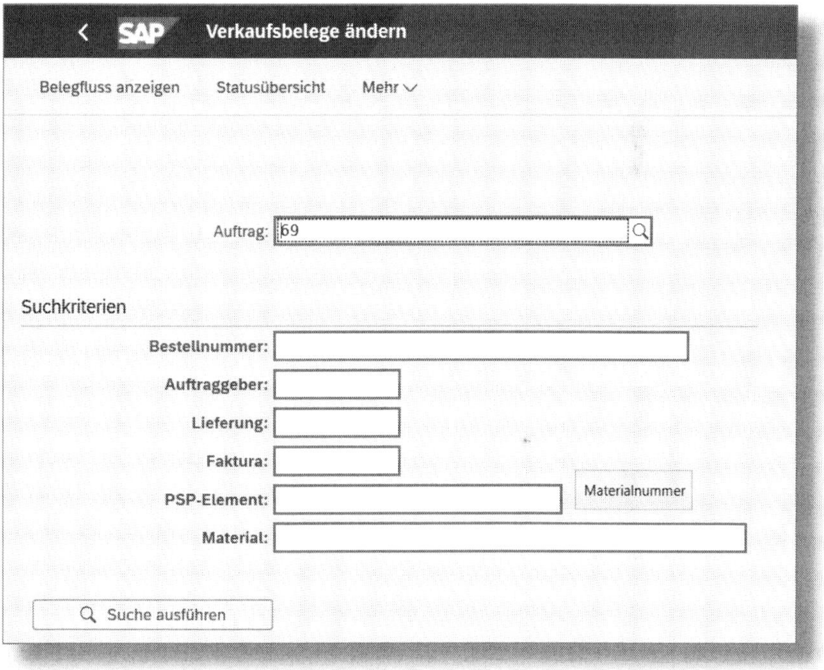

Abbildung 2.16: Gesperrte Vertriebsbelege – Folgesuche

Den gesuchten Beleg erhalten Sie im Änderungsmodus für eine schnelle Bearbeitung (siehe Abbildung 2.17).

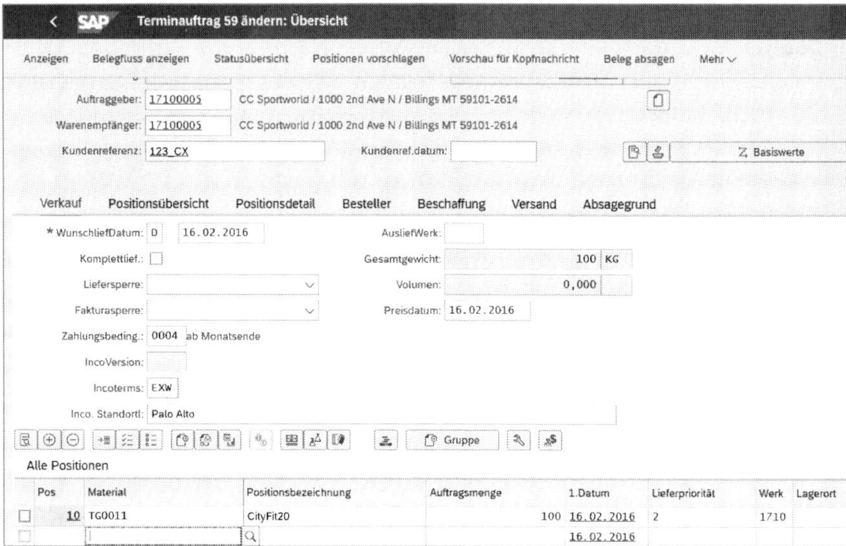

Abbildung 2.17: Gesperrte Vertriebsbelege – Beleg ändern

Zum Beenden finden Sie die gleichnamige Drucktaste rechts oben (durch Vergrößerung des Bilds für eine bessere Lesbarkeit nicht mehr sichtbar).

Die nächsten Abbildungen zeigen verschiedene SAP-Fiori-Apps zum Themenkomplex »Kreditmanagement und Zahlungsverhalten«.

SAP-Fiori-Apps im Vertrieb verlangen Kreditkontrollbereich

Bitte beachten Sie, dass in den SAP-Fiori-Apps im Vertrieb oft nach dem Kreditkontrollbereich gefragt wird, in den Apps von SAP Credit Management wird dagegen nach dem Kreditsegment selektiert. Die Zuordnung wurde im Customizing vorgenommen und mit der Feldauswahl (F4-Hilfe) vorbelegt. Die Suche verlangt von Ihnen die Eingabe des Kreditkontrollbereiches (KKBr) und liefert als

Ergebnis die richtigen Belege, Kennzahlen, Grafiken oder Fälle. Im Hintergrund ist die komponentenübergreifende Verknüpfung aktiv.

Die App »Zahlungsverhalten anzeigen« liefert Ihnen Werte als Kennzahlen zum Zahlungsverhalten eines Geschäftspartners aus einem bestimmten Kreditsegment und logischen System. Im Feld Logisches System müssen Sie das sendende System der Nachricht eingeben. Das ist für eine Multisystemlandschaft oder die Nutzung der XI-, PI- oder PO-Funktionalitäten maßgeblich. Diese SAP-Fiori-App basiert auf der Transaktion *UKM_VECTOR* mit dem Programm UKM_VECTOR_DELETE. Sie nutzen diese App zum Anzeigen oder Löschen der Kennzahlen zum Zahlungsverhalten. Die Ergebnisseite gibt eine Liste und im Hintergrund das Protokoll aus. Die sehr umfangreiche Liste liefert Ihnen im linken Bereich die Selektionsdaten und im rechten Bereich folgende Kennzahlen:

- Daten gültig/ungültig
- ID des Mahnlaufs
- höchste Mahnstufe mit Betrag, Währung und Datum
- Zeitstempel und Anzahl der Mahnungen
- ID des überfälligen Postens mit Nettofälligkeitszeitpunkt, Verzug, Betrag, Währung und Zeitstempel
- ID der letzten Zahlung mit Betrag, Währung und Zeitstempel
- DSO mit Betrag, Währung und Zeitstempel
- Verzug = durchschnittlicher Verzug bei Zahlungen mit Skontoverzicht
- ohne Skonto = Bruttosumme der ausgeglichenen Posten mit Skontoverzicht
- Verzug = durchschnittlicher Verzug bei Skontozahlungen
- mit Skonto = Bruttosumme der ausgeglichenen Posten ohne Skontoverlust

- Umsatz = Umsatz der letzten 12 Monate
- max. Umsatz = höchster Umsatz innerhalb der letzten 12 Monate
- Prozent = Prozentsatz der zum Inkasso gegebenen fälligen Posten
- Inkassobetrag = Betrag der Forderungen, die an ein Inkassobüro übergeben sind

Abbildung 2.18 zeigt das Einstiegsbild zur Selektion der sehr umfangreichen Liste der Kennzahlen zum Zahlungsverhalten.

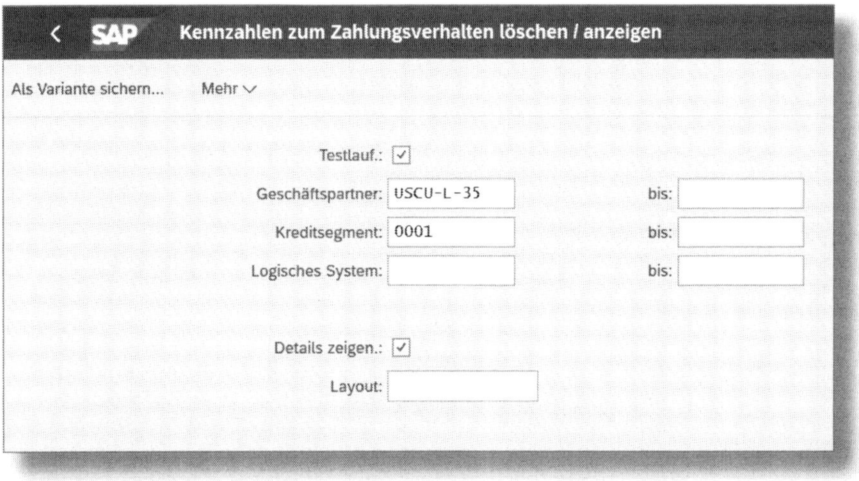

Abbildung 2.18: Kennzahlen zum Zahlungsverhalten

Beim Beenden werden Ihnen als Ergebnis das Protokoll und als Folgebild noch das Selektionsbild angezeigt, welche gleichfalls mit BEENDEN verlassen werden.

Die App »Kreditregeln verwalten« dient der Änderung von Verfahren zur Bonitäts- und Kreditlimitbestimmung oder von Prüfregeln. Diese App ist für die Massenänderung z. B. nach einer Umstrukturierung geeignet. Im mittleren Bildbereich der Abbildung 2.19 weisen Sie die im Customizing hinterlegten Verfahren und Prüfregeln neu zu und ändern diese. Im Beispiel wurde die Regel *01* universell zugewiesen. Nach einer Ersteinrichtung können Sie auch eine weitere Einschränkung bezüglich VERFAHREN und GESCHÄFTSPARTNER vornehmen. Eine parallele Verarbeitung ist möglich. Sie wählen zwischen EXTRAKT oder LISTENAUSGABE im unteren Bereich des Selektionsbildes.

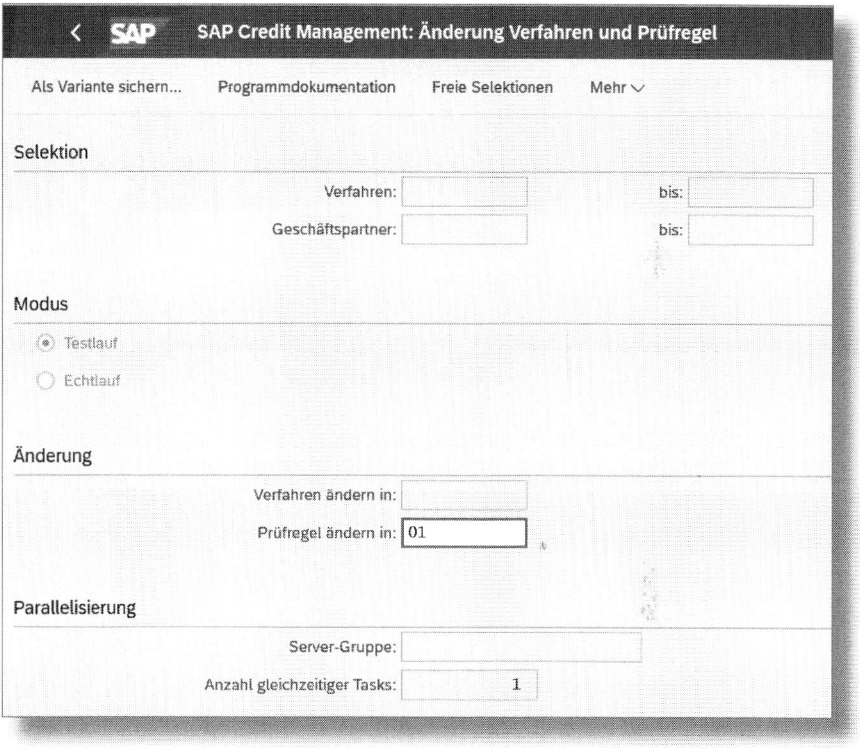

Abbildung 2.19: Kreditregeln ändern

Die App »Obligo abstimmen/Abstimmung Obligo« (SAP Query) hilft beim Abgleich der Obligos zwischen sendenden und empfangenden Systemen aus den Komponenten SD und FI-AR zu FSCM oder umgekehrt sowie zu deren Analyse. Im Standard wird nur das Delta angezeigt. Sie richten sich die Darstellung im nächsten Schritt nach Ihren Wünschen ein. Bitte beachten Sie die umfangreichen Vorarbeiten, die zur fehlerfreien Nutzung der App unumgänglich sind:

- Sie haben vorher die Benutzer und Benutzergruppen FSCM_RECON eingerichtet und mittels Transaktionscode *SQ03* zugewiesen.
- Mit der Transaktion *SQ03* ordnen Sie das Infoset /GRC/FSCM_CR_50 zu.
- Sie haben folgende drei Proxy-Queries erstellt, indem Sie jeweils die Query FSCM_CR_50_Q1 in die Benutzergruppe kopiert haben (Transaktion *SQ01*):
  - Query CR_PROXY (unser Zielsystem im Beispiel)
  - Query SD_PROXY (unser Quellsystem im Beispiel)
  - Query AR_PROXY
- Sie haben mit der Transaktion *SM59* die logischen Destinationen für die FI-AR- und SD-Systeme bearbeitet.
- Sie haben die Query SD_PROXY wie folgt geändert (Transaktion *SQ01*): Unter SPRINGEN • BERICHTSZUORDNUNG • EXTERNEN BERICHT EINFÜGEN ergänzen Sie über die Bericht-Bericht-Schnittstelle die Query aus dem SD-System. Geben Sie dazu die logische Destination des FI-AR-Systems und die Query (Benutzergruppe /GRC/APPL, Name FSCM_CR_51_Q1) ein.
- Sie haben die Query AR_PROXY wie folgt geändert (Transaktion *SQ01*): Unter SPRINGEN • BERICHTSZUORDNUNG • EXTERNEN BERICHT EINFÜGEN fügen Sie über die Bericht-Bericht-Schnittstelle die Query aus dem FI-AR-System ein. Geben Sie dazu die logische Destination des SD-Systems und die Query (Benutzergruppe /GRC/APPL, Name FSCM_CR_52_Q1) ein.
- Sie können weitere eigene Queries an die Proxy-Query anbinden, denn das System ruft alle über die Bericht-Bericht-Schnittstelle definierten Queries auf. Auf diese Weise stimmen Sie kundendefinierte Obligofortschreibungen ab.
- Sie können die Daten aus der Datenbank oder aus dem Extrakt nutzen.

Bitte beachten Sie auch die Hinweise zu Einschränkungen und zur Verfahrensweise, damit Sie fehlerfreie Ergebnisse erhalten. Diese sind in der PROGRAMMDOKUMENTATION über die Menüleiste aufrufbar (siehe Abbildung 2.20).

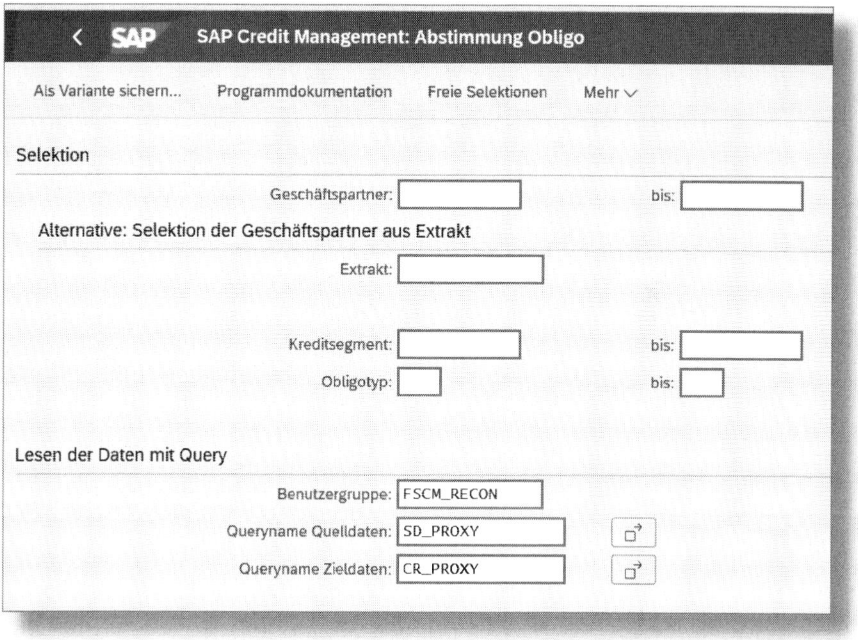

Abbildung 2.20: Obligo abstimmen

In der dritten Gruppe KREDITKONTEN VERWALTEN finden Sie auch die App »Geschäftspartner verwalten – Kreditprofil« mit der Aktivität GESCHÄFTSPARTNER BEARBEITEN. Im Einstiegsbild ist die Geschäftspartnersuche eher für bekannte Daten ausgelegt. In der Bearbeitungsleiste sehen Sie den Menüpunkt GP ÖFFNEN mit einer komfortablen Suchfunktion. Die App entspricht der Transaktion *UKM_BP*. Sie sehen in den weiteren Markierungen in Abbildung 2.21 die vertrauten UKM000-Erweiterungen KREDITSEGMENTDATEN, KREDITPROFIL und BONITÄTSPROFIL.

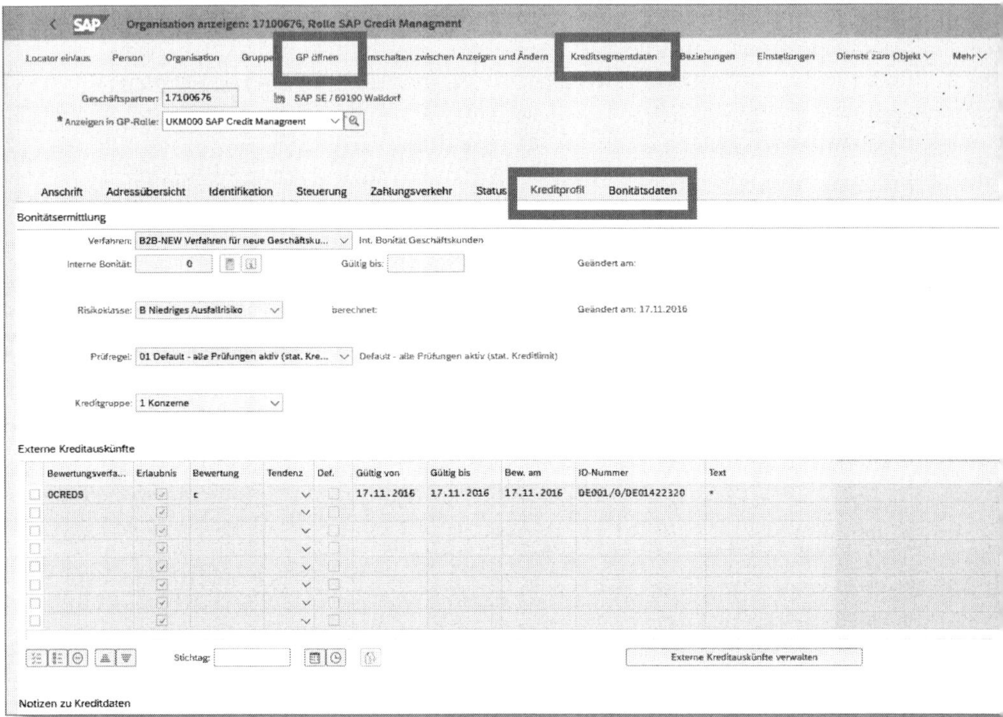

Abbildung 2.21: Geschäftspartner verwalten – Kreditprofil

Die vierte Gruppe Analytische Funktionen umfasst zwei grafische Apps. Abbildung 2.22 zeigt eine grafische Darstellung zur Ausschöpfung des Kreditlimits inklusive Legende; der Header mit den Auswahloptionen ist ausgeblendet.

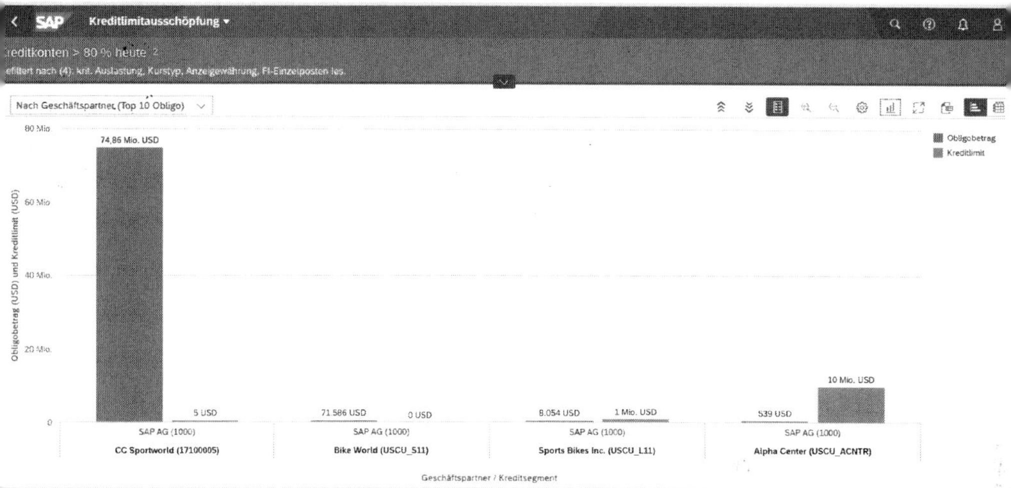

Abbildung 2.22: SAP-Fiori-Grafik zur Ausschöpfung des Kreditlimits

Abbildung 2.23 zeigt die App »Obligo analysieren«. Im Kopfteil wird über die gesamte Breite der Header mit den Filtern gezeigt, darunter sehen Sie im linken Bereich die Selektion des Obligos *nach Geschäftspartner* und im rechten Bereich die Legende mit der Farbzuordnung. Mit den über der Grafik sichtbaren Icons wählen Sie zwischen den Ansichten Grafik oder Tabelle. Die Grafik gestalten Sie jeweils nach verschiedenen Kriterien wie Land, Kreditsegment oder Risikoklasse.

Abbildung 2.23: SAP-Fiori-Grafik zur Obligoanalyse

Die Grafik zur Obligoanalyse bzw. die gleichwertige Tabelle in der App bieten ein phänomenales Feature: Sie können direkt aus der Grafik heraus neue Apps aufrufen und direkt weiterarbeiten. Sie finden die Drucktaste Öffnen in rechts unten in der Fußzeile der Grafik (siehe Abbildung 2.24). In den meisten Firmen wird zuerst SAP Dispute Management, dann SAP Collections Management und als Drittes SAP Credit Management eingeführt. Im FSCM sind alle drei Komponenten integriert, was Ihre Arbeit enorm erleichtert.

Abbildung 2.24: SAP-Fiori-Grafik zur Obligoanalyse – Folgemenü

Sie starten direkt die von Ihnen gewünschte App. Mit dem Icon ganz rechts unten teilen Sie die Grafik mit Kollegen.

In der fünften Gruppe Gesperrte Verkaufsbelege verwalten finden Sie die App »Kreditfälle verwalten«. Diese App wird im folgenden Abschnitt 2.3 vorgestellt. Ich zeige Ihnen hier die andere wichtige Funktionalität,: den Workflow (siehe Abbildung 2.25). Die Entscheidungsschritte zum sofortigen Bearbeiten sind in Abbildung 2.26 dargestellt.

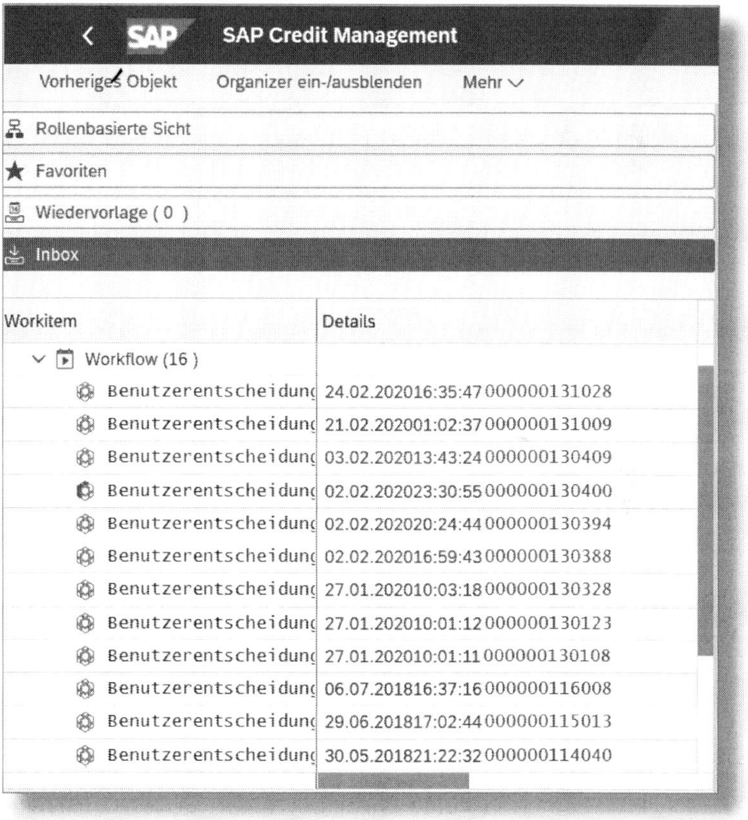

Abbildung 2.25: Kreditfälle verwalten – Workflow 1

In unserem Beispiel wurde ein Workflow ausgewählt. Die Verfahrensweise ist im Kreditmanagement identisch; Objekte und Anlagen stammen dann aus der Komponente SD oder aus FI-AR.

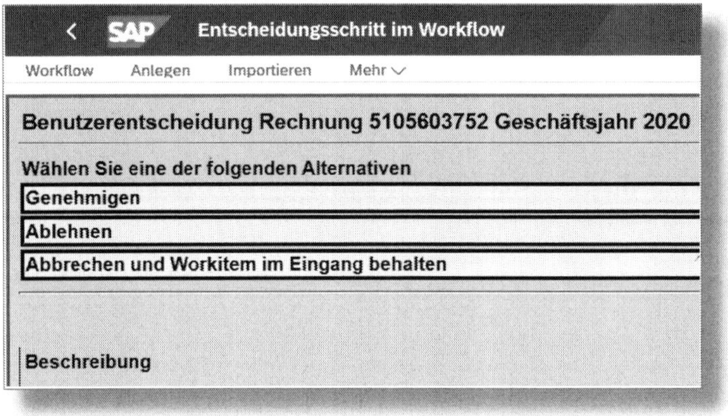

Abbildung 2.26: Kreditfälle verwalten – Workflow 2

Die sechste Gruppe, Periodische Aktivitäten, weist im Beispiel nur die App »Credit Management Jobs einplanen« auf. Mit ihr werden die Jobs für das Kreditmanagement eingeplant, eine klassische Funktionalität für Anwendungsjobs (siehe Abbildung 2.27).

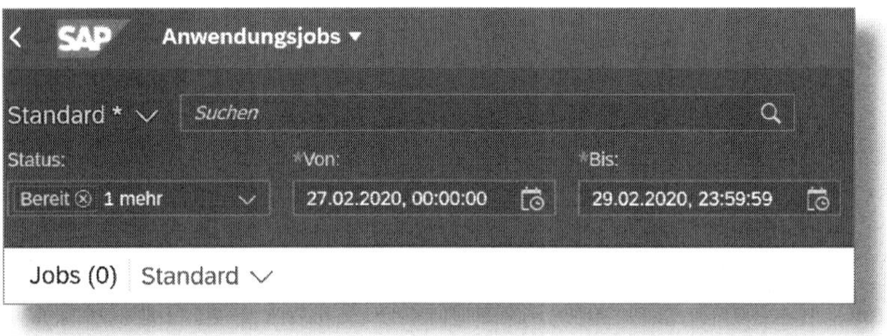

Abbildung 2.27: SAP Fiori – Jobs in SAP Credit Management

In diesem Abschnitt wurden Ihnen einzelne Apps vorgestellt. Im Folgenden präsentiere ich Ihnen Beispiele zu Bearbeitungsfolgen im Kreditmanagement.

2.3 SAP-Fiori-Bildfolgen im Kreditmanagement

Im SAP-Fiori-App-Katalog finden Sie in der Version 1909 in der Gruppe Verkauf – Kundenauftragsbearbeitung eine sehr hilfreiche App zum Thema »Kreditsperre klären«.

Wie Sie die Kreditsperre mit der App »Erfüllung von Kundenaufträgen: Probleme – Kreditsperre klären« bearbeiten, zeigen Ihnen Abbildung 2.28 und Abbildung 2.29. In der Menüleiste der App sehen Sie die Probleme gesamt sowie die möglichen Belegarten, nach denen Sie selektieren können: In Auftrag, In Beschaffung, In Lieferung und In Rechnung. Damit sind alle möglichen Belegarten für eine Kreditsperre verfügbar. Über diese Leiste erhalten Sie eine Übersicht über den Status der kreditgesperrten Belege und zum Workflow. So sind die Fortschritte in der Bearbeitung schnell ersichtlich.

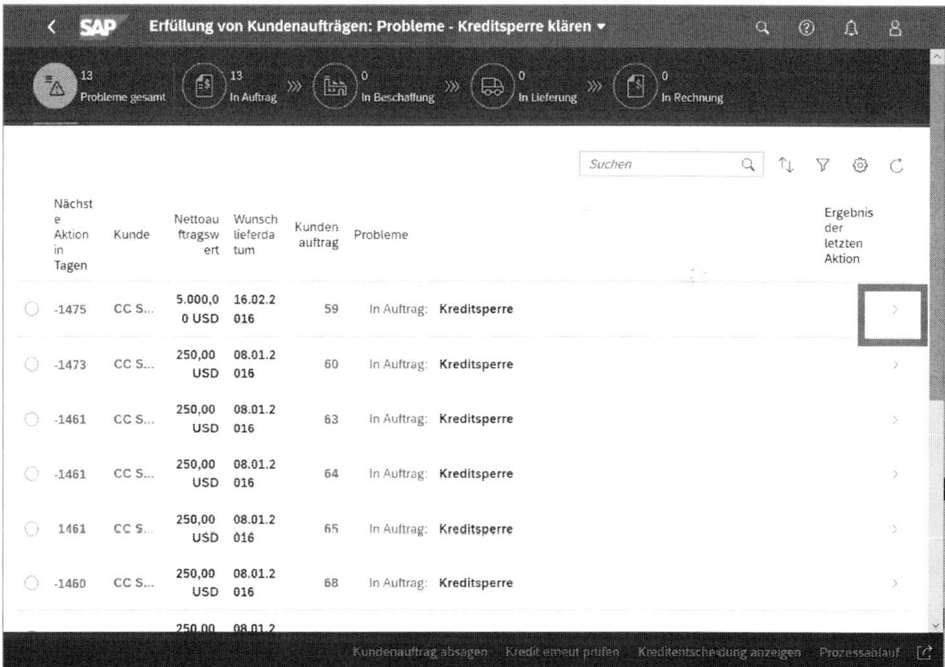

Abbildung 2.28: SAP-Fiori-App »Kreditsperre klären«

Im Folgebild, auf das Sie über das Symbol > am rechten Rand in der jeweiligen Zeile gelangen, sehen Sie zusätzliche Informationen und können mit verschiedenen Aktionen fortfahren.

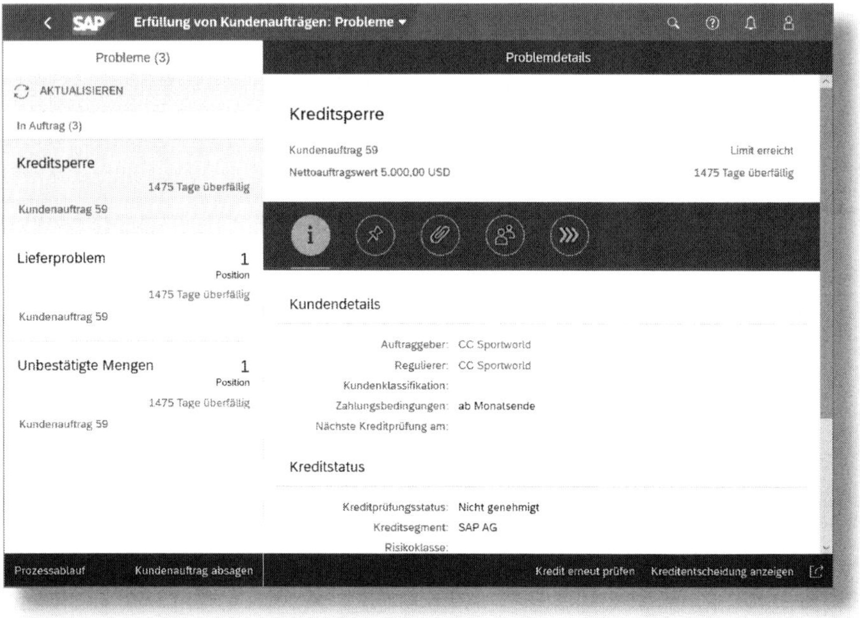

Abbildung 2.29: SAP Fiori – Kreditsperre klären

So erkennen Sie im linken Bereich des Bildes, ob es LIEFERPROBLEME gibt, im mittleren Bereich befinden sich wichtige Daten zum Kreditrisiko und im unteren Bereich (auf der Abbildung nicht sichtbar) finden Sie Angaben bezüglich der KPIs zum Zahlungsverhalten wie der Kreditausschöpfung, der höchsten Mahnstufe und dem Umsatz. Damit können Sie kundenwertbasiert entscheiden.

Die nächste Bildfolge beschreibt den Umgang mit gesperrten Verkaufsbelegen im Kreditmanagement über die App »Kreditfälle verwalten«. Sie sehen die Nachfolgeaktion für die gesperrten Belege im Vertrieb VKM1. Hier wird automatisch eine dokumentierte Kreditentscheidung nach dem Sperren des Belegs angelegt. Die detaillierte Bearbeitungsweise lesen Sie in Kapitel 5 (dokumentierte Kreditentscheidung zum Beleg, Fallart FDCD).

In Abbildung 2.30 sehen Sie zusätzlich die Nutzung des *App Finder*. Hier eine kurze Erklärung:

Um den App Finder links oben anzuzeigen, wählen Sie das Benutzersymbol rechts oben und rufen den Menüpunkt App Finder auf.

Im rechten oberen Bildbereich finden Sie die App-Suche, hier mit einem weißen Kasten gekennzeichnet. In das Suchfeld geben Sie *Kreditfälle verwalten* ein. Nach einem Klick auf das Lupensymbol erhalten Sie eine Übersicht aller Vorkommnisse der App »Kreditfälle verwalten«. Diese App ist im Standard mehreren Gruppen zugeordnet. Für einen schnelleren Zugriff ordnen Sie sie Ihrer Benutzergruppe zu. Dazu nutzen Sie die Drucktaste Pin im rechten unteren Bereich der App. Es öffnet sich ein Kontextmenü, aus dem Sie die bevorzugte Gruppe mittels ✓ auswählen. In diesem Kontextmenü besteht die Möglichkeit, eine neue Gruppe in der App-Verwaltung anzulegen. Sie erhalten eine Bestätigungsmeldung für Ihre Aktionen.

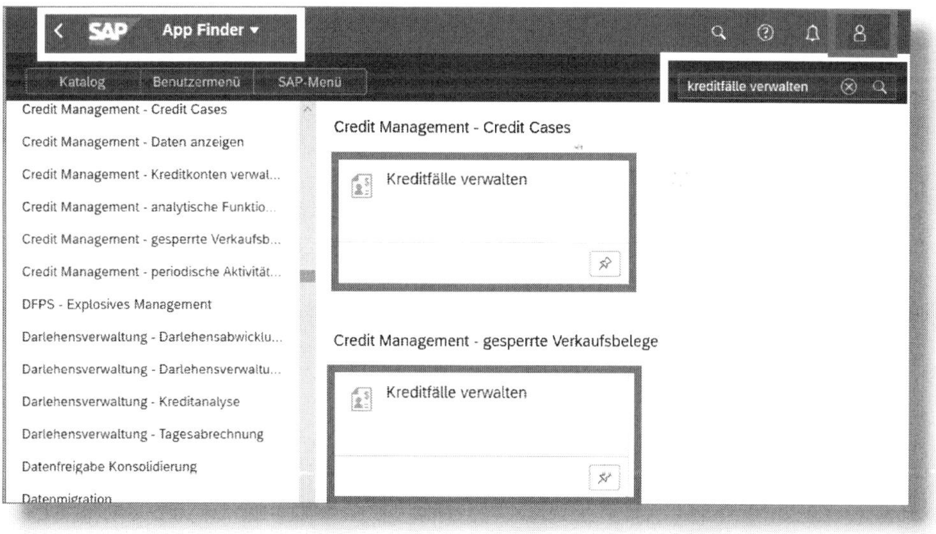

Abbildung 2.30: Suche nach der SAP-Fiori-App »Kreditfälle verwalten«

Sie rufen die SAP-Fiori-App mittels Klick auf die Kachel auf. Ihnen werden in dieser App alle bei Ihnen nutzbaren Fallarten im Kreditmanagement angezeigt. Sie sehen Kreditlimitanträge und dokumentierte Kreditentscheidungen sowie ggf. weitere Fallarten Ihrer Firma. Sie können nach Bedarf Filter setzen und sich das Menü individuell einrichten.

Auf der linken Seite in Abbildung 2.31 finden Sie eine Übersicht zu allen Kreditfällen, Workflowdokumenten und Favoriten. Alternativ wählen Sie statt der hier gezeigten Benutzersicht die Rollenbasierte Sicht. Mit Doppelklick wählen Sie den gewünschten Fall aus.

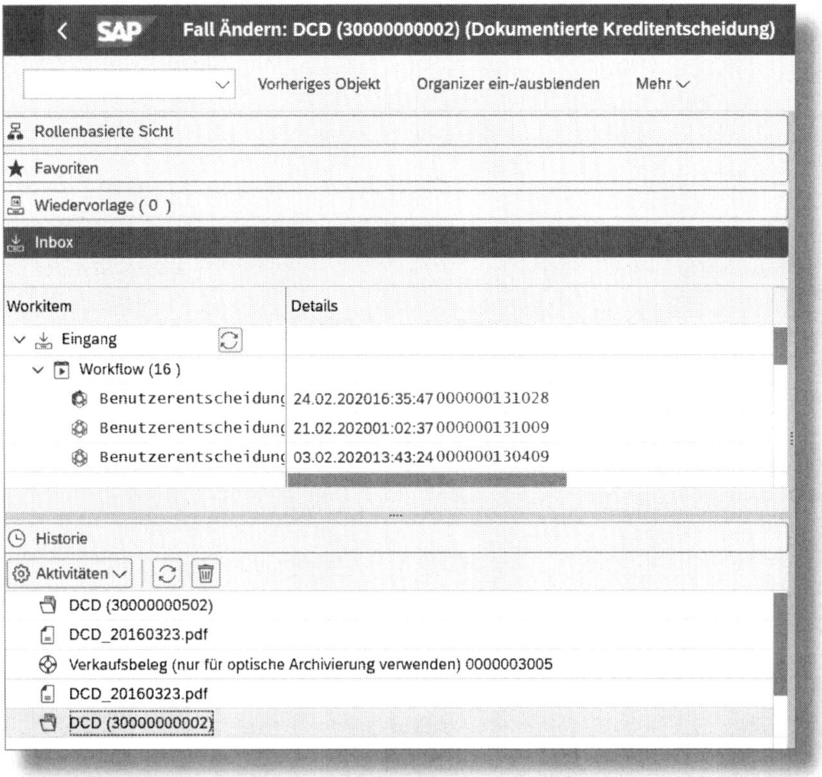

Abbildung 2.31: Kreditfälle verwalten – Bild 1

Es öffnet sich ein weiteres Fenster, in dem Sie auf der rechten Seite den gewählten Fall sehen (siehe Abbildung 2.32). In allen hellen Feldern können Sie Informationen ergänzen und im Anschluss an die Änderungen den Folgebearbeiter für den Workflow eintragen sowie den Status hochsetzen.

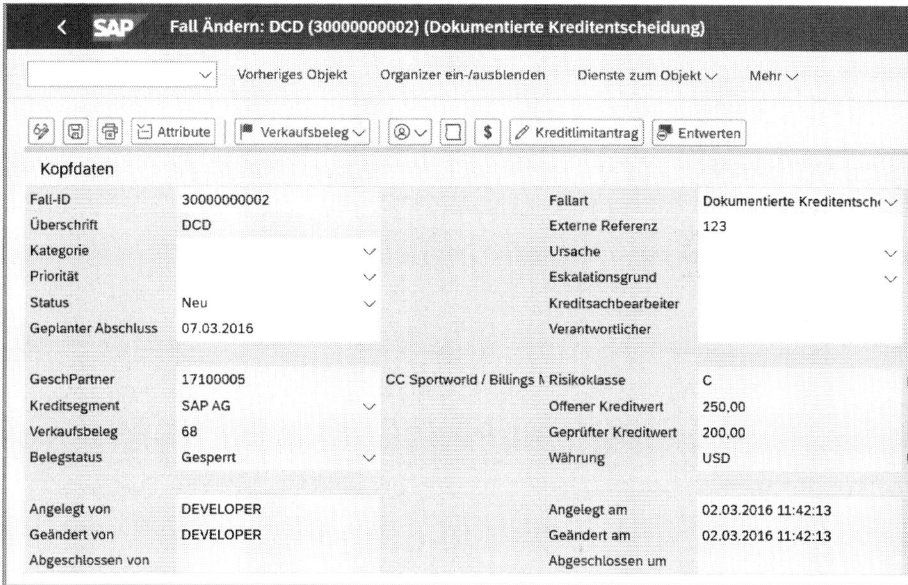

Abbildung 2.32: Kreditfälle verwalten – Bild 2

Über die Drucktaste VERKAUFSBELEG, hier mit einer grünen Fahne als Zeichen für vorhandene Belege versehen, verzweigen Sie in den Beleg. Die wichtigste Folgeentscheidung in der Bearbeitungsleiste ist jedoch die Drucktaste KREDITLIMITANTRAG. Hier kann aus einer dokumentierten Kreditentscheidung, also der Ablehnung eines Kredits, eine positive Entscheidung für die Änderung des Kreditlimits werden. Da die Fallart selbst nicht änderbar ist, öffnen Sie hierzu den neuen Fall »Kreditlimitantrag«.

Nach Beendigung Ihrer Arbeit verlassen Sie die App und bestätigen das Pop-up (siehe Abbildung 2.33) mit JA. Je nach Konfiguration werden weitere Pop-ups angezeigt, die Sie bestätigen. Fertig!

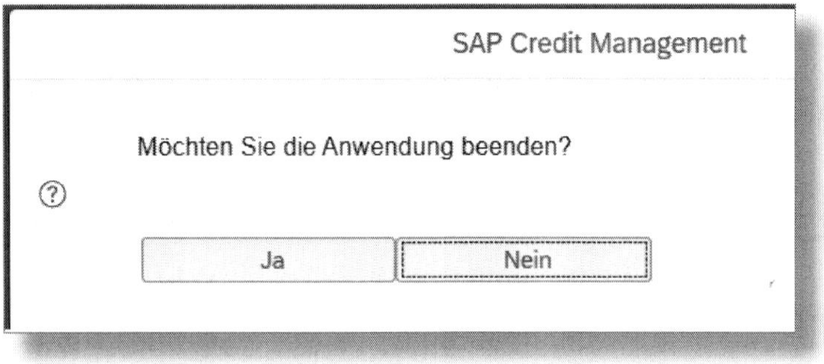

Abbildung 2.33: App »Kreditfälle verwalten« beenden

Für die dokumentierte Kreditentscheidung ist die Kommunikation der Ablehnung eine wertvolle Folgeaktion. Dazu steht Ihnen die Funktion der *Momentaufnahme (Snapshot)* zur Verfügung, in der die dokumentierte Kreditentscheidung nachvollziehbar dargelegt ist. Bei der Momentaufnahme handelt es sich um ein Dokument im Portable Document Format (PDF). Sie können die Momentaufnahme gedruckt oder elektronisch versenden. In den nächsten Bildern sehen Sie Detailbereiche aus der Kreditentscheidung. Alle Drucktasten, Notizen, verknüpften Objekte und Protokolle stehen für jede Art von Kreditfall zur Verfügung. Sie verlassen die SAP-Fiori-App mittels Drucktaste BEENDEN. Alle Teilbereiche enthalten eigene Drucktasten, um die Aktion zu beenden. Diese sind auf dem Bild jeweils in der oberen rechten Ecke zu finden, die zur besseren Lesbarkeit hier nicht dargestellt ist.

Abbildung 2.34 zeigt Ihnen alle Optionen für den Aufruf von Detailangaben einer dokumentierten Kreditentscheidung zur FALL-ID 30000000502.

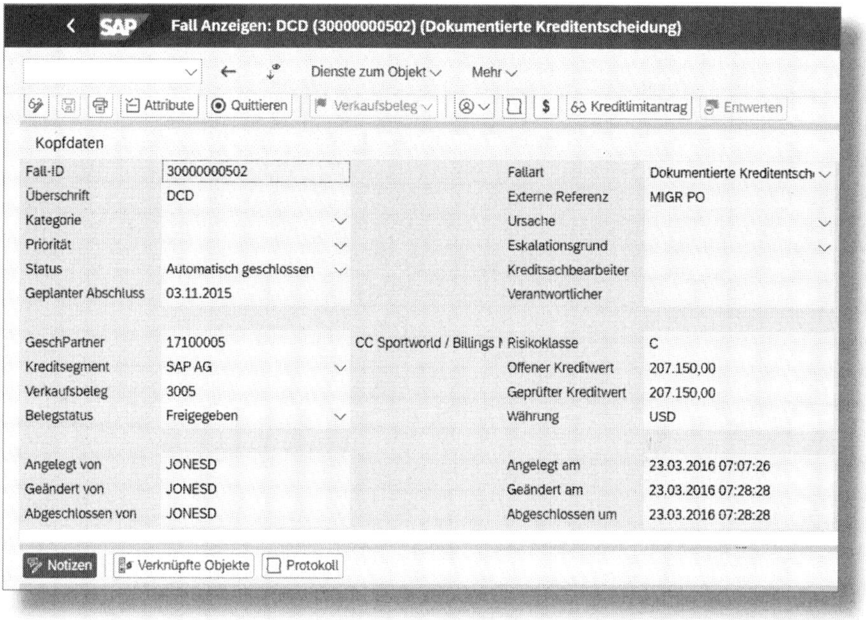

Abbildung 2.34: SAP Fiori, DCD – Details

In Abbildung 2.35 sehen Sie ein Beispiel für Notizen.

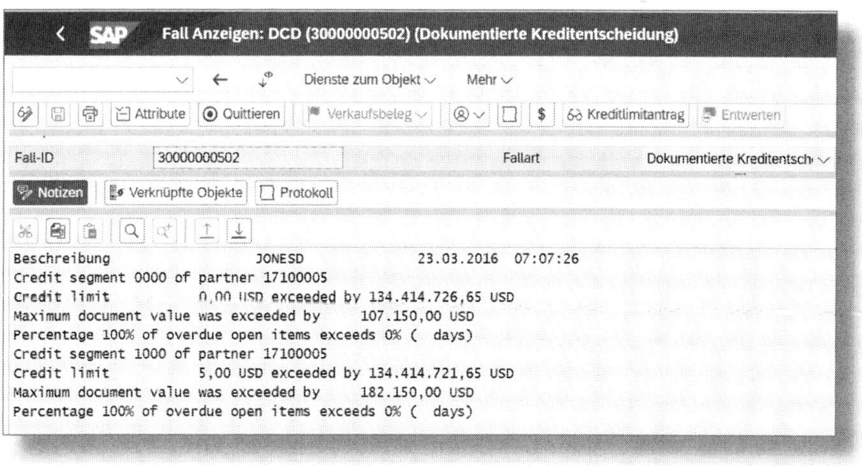

Abbildung 2.35: SAP Fiori: DCD – Notizen

Abbildung 2.36 zeigt das Verlaufsprotokoll.

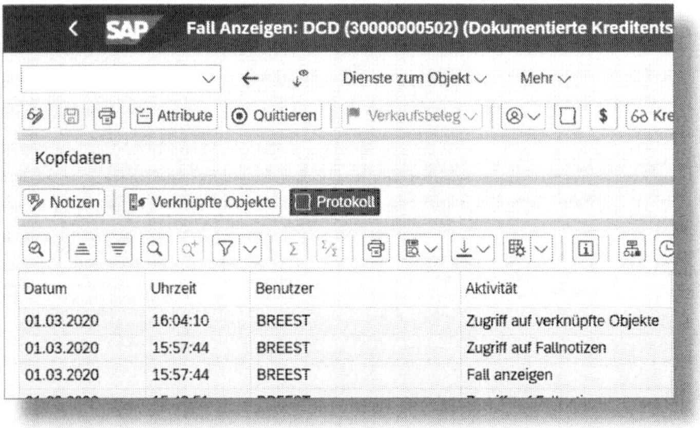

Abbildung 2.36: SAP Fiori: DCD – Protokoll

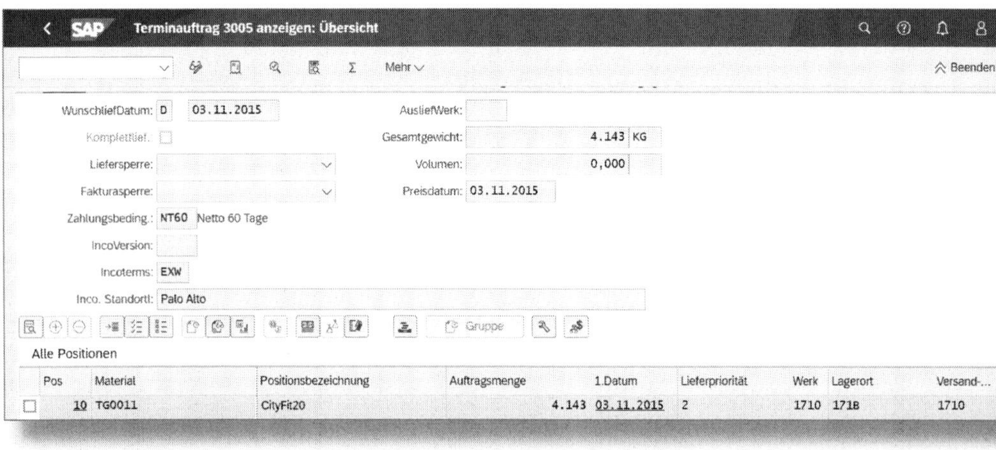

Abbildung 2.37: SAP Fiori: DCD – verknüpfter Beleg

Über die Drucktaste VERKNÜPFTE OBJEKTE rufen Sie die zugrunde liegenden Belege auf. In Abbildung 2.37 ist dies der gesperrte Auftrag. Abbildung 2.38 zeigt eine Übersicht zu allen verknüpften Objekten. Im unteren Bildbereich sehen Sie die MOMENTAUFNAHME FÜR die KREDITENTSCHEIDUNG.

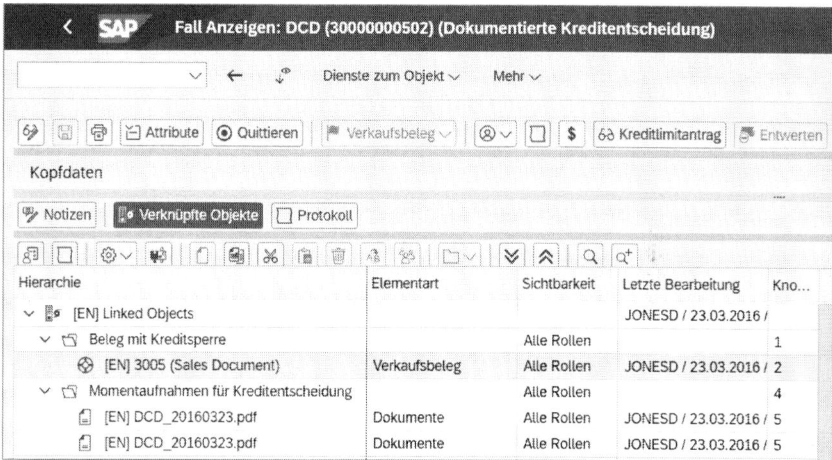

Abbildung 2.38: SAP Fiori: DCD – alle verknüpften Objekte

Einen Auszug aus dieser Momentaufnahme zeigt Abbildung 2.39. Das Dokument zur Momentaufnahme ist ein SAP-Formular, das Sie gut an Ihre firmeninterne Verfahrensweise für Formulare anpassen können.

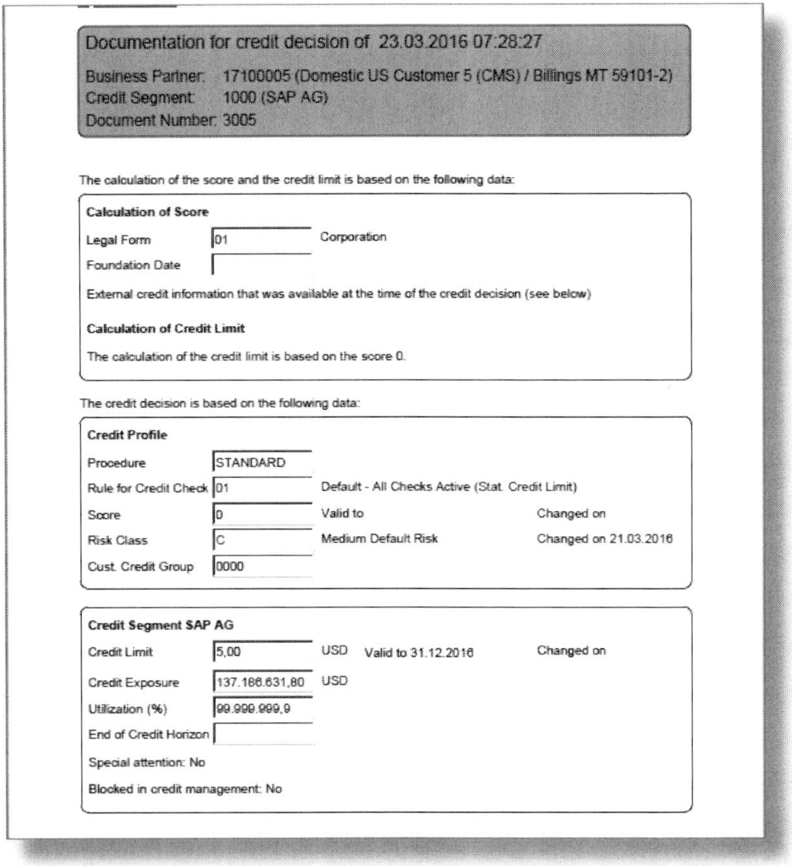

Documentation for credit decision of 23.03.2016 07:28:27

Business Partner: 17100005 (Domestic US Customer 5 (CMS) / Billings MT 59101-2)
Credit Segment: 1000 (SAP AG)
Document Number: 3005

The calculation of the score and the credit limit is based on the following data:

Calculation of Score

Legal Form	01	Corporation
Foundation Date		

External credit information that was available at the time of the credit decision (see below)

Calculation of Credit Limit

The calculation of the credit limit is based on the score 0.

The credit decision is based on the following data:

Credit Profile

Procedure	STANDARD		
Rule for Credit Check	01	Default - All Checks Active (Stat. Credit Limit)	
Score	0	Valid to	Changed on
Risk Class	C	Medium Default Risk	Changed on 21.03.2016
Cust. Credit Group	0000		

Credit Segment SAP AG

Credit Limit	5,00	USD Valid to 31.12.2016	Changed on
Credit Exposure	137.186.631,80	USD	
Utilization (%)	99.999.999,9		
End of Credit Horizon			

Special attention: No

Blocked in credit management: No

Abbildung 2.39: SAP Fiori – Auszug DCD als PDF-Datei

Die hier vorgestellte Abfolge von SAP-Fiori-Bildern ist vergleichbar mit den Schritten einer transaktionalen Bearbeitung im S/4HANA-System. Der Wiedererkennungswert ist also sehr hoch.

3 Stammdaten im Kreditmanagement

In diesem Kapitel stelle ich Ihnen den Geschäftspartner mit seiner neuen Rolle im Kreditmanagement vor. Sie erfahren alles über das neue Leben des Geschäftspartners mit seinem Kreditkonto im Kreditsegment sowie über Bonität, Risiko, Kennzahlen und deren aktuelle Berechnung.

Wenn Sie in diesem Kapitel eine umfassende Aufzählung aller Stammdaten im Kreditmanagement erwarten, liegen Sie absolut richtig. Das ist aber auch gar nicht so verwunderlich, denn es gibt genau ein Stammdatum: den Geschäftspartner. Alle weiteren Objekte sind Zuordnungen zum Geschäftspartner.

Die Bearbeitung der Geschäftspartnerrolle UKM000 erfolgt über den Customizing-Pfad SPRO • SAP CUSTOMIZING EINFÜHRUNGSLEITFADEN • ANWENDUNGSÜBERGREIFENDE KOMPONENTEN • SAP-GESCHÄFTSPARTNER • GESCHÄFTSPARTNER • GRUNDEINSTELLUNGEN • GESCHÄFTSPARTNERROLLEN • GP-ROLLEN DEFINIEREN.

Zum Geschäftspartner Ihrer Firma erfolgen im Customizing mögliche Zuordnungen und Ausprägungen zur Kreditüberwachung. In der Anwendung SAP Credit Management (FIN-FSCM-CR) werden nur die Zuordnungen der zum Stammsatz des Geschäftspartners hinterlegten Werte vorgenommen. Dazu zählen folgende:

- Kreditprofil mit den Bonitätsdaten, der Risikoklasse, den Regeln für die Kreditlimitprüfung, der Kundengruppe, Kreditauskünften
- Kreditsegmentdaten mit Kreditlimit und Steuerung sowie Kennzahlen zum Zahlungsverhalten
- Beziehungen zu Personen oder Organisationen

Über den nachfolgenden Menüpfad erreichen Sie die verschiedenen Stammdatenaktionen in der Anwendung:

SAP Easy Access • SAP Menü • Rechnungswesen • Financial Supply Chain Management • Credit Management • Stammdaten.

Stammdaten im Kreditmanagement sind grundsätzlich personenbezogene Daten zum Geschäftspartner, vertragsbezogene Daten zum Geschäftspartners und die kreditbezogenen Ergänzungen zur Kreditüberwachung. Im SAP-System finden Sie folgende Ergänzungen zum Geschäftspartner für SAP Credit Management, wenn Sie die Buchhaltung mit FI-AR und den Vertrieb mit SD im Einsatz haben:

- Geschäftspartner
- Kreditsegmente
- Bewertungsverfahren
- Kundenkreditgruppe
- Risikoklassen
- Kreditlimitantrag

Das *Kreditsegment* ist eine freie Einheit des SAP Credit Management. Es ordnet die Partner und Geschäfte eines Unternehmens aus Sicht der Kreditvergabe und Kreditkontrolle. Zukünftig soll das Kreditsegment den Kreditkontrollbereich ablösen. Da aktuell aber oft noch FI-AR und FSCM gemeinsam betrieben werden, sind beide Strukturen parallel eingerichtet.

Ein Kreditsegment verhält sich zum Geschäftspartner wie der Buchungskreis zum Debitor. Der Geschäftspartner kann in mehreren Kreditsegmenten Stammdaten enthalten. So kann er vor allem mehrere Verträge innehaben und bei einer Segmentierung nach Vertragsarten auch mehreren Segmenten zugeordnet sein.

Kreditsegmente für die Mehrfachzuordnung

Ein städtischer Kunde kann beispielsweise Strom, Gas und Wasser beziehen, den Müll entsorgen lassen und Steuerbürger beim Finanzamt sein. Ein Onlinekunde kann ein privates Konto unterhalten und

zusätzlich noch ein Firmenkonto besitzen und in mehreren Ländern Geschäftsbeziehungen zu Ihrer Firma unterhalten.
Es gibt viele weitere Beispiele, die durch die Nutzung des Geschäftspartners in Personalunion von Kreditor und Debitor im FSCM möglich sind. Als großes Plus ist hierbei die Nutzung der Kreditsegmente für die Vergabe unterschiedlicher Kreditlimite und die Zusammenführung im Hauptkreditsegment zu sehen. Im klassischen Kreditmanagement FI-AR-CR ist diese Funktionalität nicht verfügbar.

Wir starten mit dem Geschäftspartner und ordnen ihm zuerst die Rolle UKM000 zu. Dazu legen wir den Geschäftspartner in der Rolle UKM000 an. Auf diese Weise ermöglichen Sie die Nutzung der Funktionen von SAP Credit Management. Sie arbeiten wahlweise mit den Transaktionen *BP* oder *BP_UKM*.

Zuerst sehen Sie in Abbildung 3.1 ein Beispiel für das KREDITPROFIL auf der gleichnamigen Registerkarte des Geschäftspartners.

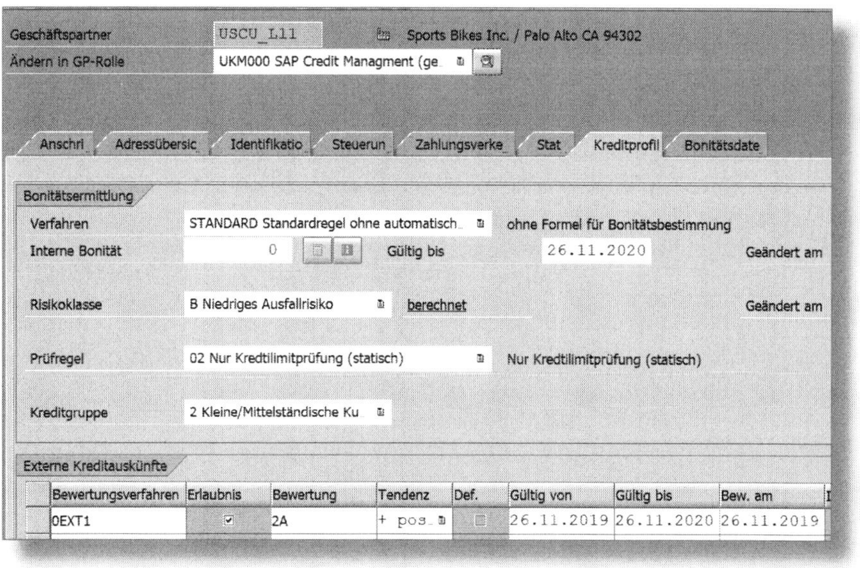

Abbildung 3.1: Kreditprofil »Geschäftspartner«

Betrachten wir die Registerkarte Kreditprofil näher. Hier finden Sie Verfahren zur Bonitätsermittlung und Kreditlimitprüfung. Im Feld Verfahren stehen im Standard zwei Optionen für Neu- und Bestandskunden sowie für Geschäfts- und Privatkunden zur Auswahl. Diese Vorbelegungen werden aus den Customizing-Tabellen bereitgestellt.

Das Feld Interne Bonität wird mit einem automatisch berechneten Wert gefüllt, wenn eine Formel zu einem entsprechenden Bonitätsverfahren hinterlegt wurde. Alternativ bearbeiten Sie die interne Bonität manuell.

Die Risikoklasse des Geschäftspartners wird über die im Customizing festgelegte Klassifizierung bestimmt. Ihre bisherigen Einstufungen finden Sie über die auswählbaren Optionen wieder. Das Feld ist änderbar.

Im Feld Prüfregel sind die Regeln für die Kreditlimitprüfung abzulesen. Diese wurden aus Schrittfolgen im Customizing gebildet. Zu den Schrittfolgen wurden der Bezug, z. B. ältester fälliger Posten, und der jeweilige Schwellenwert festgelegt. Zusätzlich ist der Umfang der Protokollierung der Prüfregel definiert worden. In diesem Feld ordnen Sie die gewünschte Prüfregel dem Geschäftspartner zu.

Die Kreditgruppen sind im Customizing frei definierbar und stehen Ihnen dann hier zur Auswahl. Es geht dabei um die Zuordnung zu einer Kundenkreditgruppe, was z. B. einer Strukturierung für Auswertungen entspricht. Sie können regionale Gruppen bilden, Gruppen nach Vertragsarten oder Gruppen nach weiteren Merkmalen.

Im Bereich Externe Kreditauskünfte finden Sie vielfältige Möglichkeiten, die eingespeisten Daten Ihrer Kreditauskunfteien übersichtlich zu hinterlegen. Das Verfahren wird in Abschnitt 3.1 erläutert. Diese Daten werden angeliefert und eingespielt.

In Abbildung 3.2 sehen Sie ein Beispiel für die auf der Registerkarte BONITÄTSDATEN hinterlegbaren Einträge. Die Werte können auch aus Erweiterungen (BAdIs), Programmen und Berechnungen automatisch eingefügt werden, stellen dann aber eine Modifikation dar. Der normale Weg ist die Übernahme der Daten von Kreditauskunfteien oder weiteren Drittanbietern. Im nächsten Abschnitt zur Massendatenänderung kommen wir darauf zurück, weil es dort den Normalfall zur Aktualisierung der Bonitätsdaten darstellt. Großunternehmen im Massenkundengeschäft betreiben ein eigenes Scoring und nutzen dafür FI-CA.

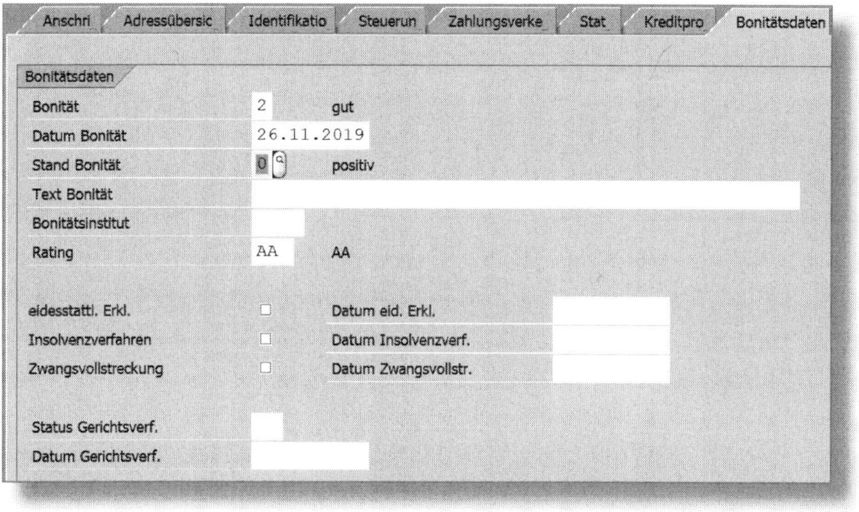

Abbildung 3.2: Bonitätsdaten »Geschäftspartner«

Das Kreditsegment finden Sie über die Drucktaste KREDITSEGMENTDATEN. Die Daten des Kreditsegments bestehen aus den Registerkarten KREDITLIMIT UND STEUERUNG, KENNZAHLEN ZAHLUNGSVERHALTEN und KPI ZAHLUNGSVERHALTEN (siehe Abbildung 3.3).

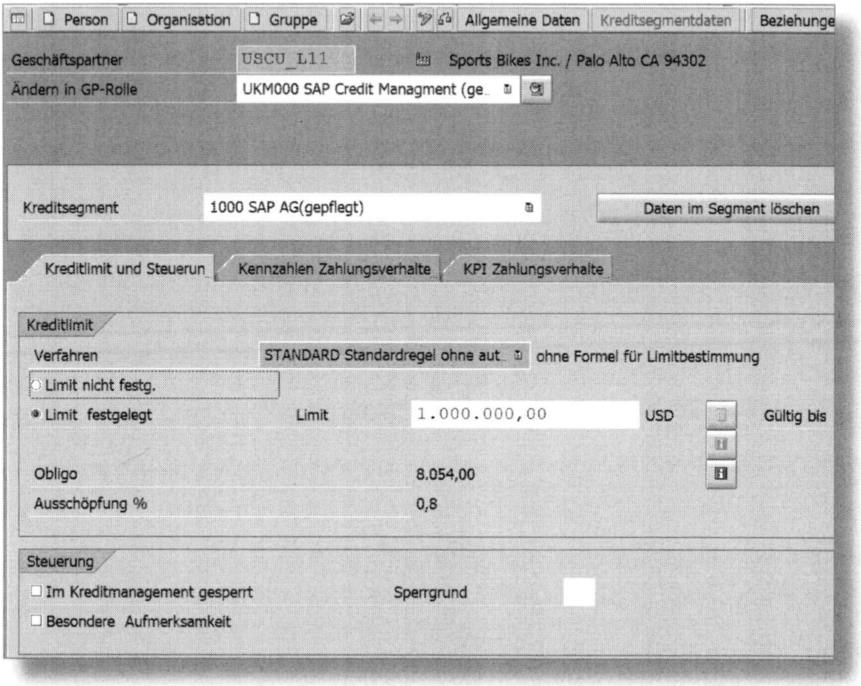

Abbildung 3.3: Kreditsegment mit Registerkarten

Die Drucktaste KREDITSEGMENT finden Sie übrigens an gleicher Stelle wie die Buchungskreisdaten beim Debitor in FI. So ist auch optisch die Gleichwertigkeit hergestellt. Das Kreditsegment bearbeiten Sie auf der Registerkarte KREDITLIMIT UND STEUERUNG über die Feldauswahl. Jedem Kreditsegment kann ein eigenes Kreditlimit zugeordnet werden, auch in abweichender Währung. Im Hauptkreditsegment, das es nur einmal geben kann, werden dann die Obligos aller Kreditsegmente in Summe ausgewiesen. Hierüber können Sie dann die gesamte Kreditlimitausschöpfung überwachen. Das Hauptkreditsegment wird im Customizing eingerichtet.

Die Daten für das Kreditsegment werden hauptsächlich aus dem Obligo und der Verfügbarkeit gespeist. Auf der Registerkarte KREDITLIMIT UND STEUERUNG sehen Sie das VERFAHREN für die Ermittlung des Kreditlimits. Im Beispiel wird zum absoluten Betrag von 8.054 das beanspruchbare Limit von 1.000.000 US-Dollar ausgewiesen (siehe Abbildung 3.3). Mit Klick auf die Informationstaste zum Obligo werden die gebuchten Belege, die das Obligo ergeben, ausgegeben (siehe Abbildung 3.4).

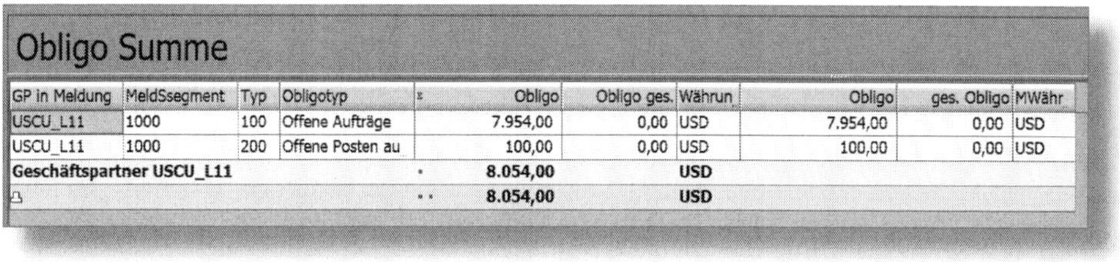

Obligo Summe

GP in Meldung	MeldSsegment	Typ	Obligotyp	Σ	Obligo	Obligo ges.	Währun	Obligo	ges. Obligo	MWähr
USCU_L11	1000	100	Offene Aufträge		7.954,00	0,00	USD	7.954,00	0,00	USD
USCU_L11	1000	200	Offene Posten au		100,00	0,00	USD	100,00	0,00	USD
Geschäftspartner USCU_L11				•	**8.054,00**		**USD**			
				••	**8.054,00**		**USD**			

Abbildung 3.4: Kreditsegment beanspruchtes Obligo

Auf der Registerkarte KENNZAHLEN ZAHLUNGSVERHALTEN finden Sie Daten, die auch in FI-AR im Mahnverfahren gebräuchlich sind.

Die Registerkarte KPI ZAHLUNGSVERHALTEN bietet Ihnen eine Übersicht zu wesentlichen Informationen der Kreditlimitermittlung und enthält die Daten für das Reporting.

Eine ganz wesentliche Funktionalität bietet die Standardtransaktion *UKM_BLACK_WHITE*. Sie ist für eine Differenzierung in »gute« (weiße) und auszuschließende (schwarze) Geschäftspartner vorgesehen. Sie legen darüber einen Vorrat der gewünschten Geschäftspartnerstammsätze an, selektiert nach z. B. der Bonitätspräferenz. Zusätzlich lässt diese Transaktion auch die Verwaltung für weitergehende Selektionen zu, wie z. B. legale Kriterien. Hier definieren Sie dann die Einträge der schwarzen und weißen Listen. Für Geschäftspartner können Sie sich dazu die Ergebnisse vom Screening einspielen lassen oder Einträge manuell anlegen. Wichtig ist die Aktualisierung der Geschäftspartner hinsichtlich der *Bannliste*, die Sie von der Bundesbank, der Bundesanstalt für Finanzdienstleistungsaufsicht (BaFin), Ihren Banken oder Drittanbietern erhalten. Das Transparenzregister für die wirtschaftlich Berechtigten finden Sie bei der Bundesanzeiger Verlag GmbH oder unter *https://www.transparenzregister.de*. Die Transaktion *UKM_BLACK_WHITE* müssen Sie zusätzlich in den Prozess zum Screening der Geldwäscheprüfung nach dem neuen Geldwäschegesetz (GwG 2020) integrieren. Sofern Sie SAP GRC Global Risk and Compliance einsetzen, können die Daten für gute oder zu überwachende Kunden übernommen werden. Weitere Embargolisten können Sie manuell ergänzen oder einspielen. Alternativ ist eine Positivliste bzw. Whitelist mit regelmäßiger Überwachung möglich.

3.1 Massenänderungen der Stammdaten

Bei großen Unternehmen mit umfangreichem Kundenbestand eignen sich die folgenden Transaktionen zu Massenänderungen der Stammdaten:

- *UKM_MASS_UPD4* – Änderung Verfahren und Prüfregel
- *UKM_MASS_UPD3* – Massenänderung Kreditlimit
- *UKM_MASS_UPD2* – Massenänderung interne Bonität
- *UKM_MASS_UPD1* – Massenänderung externe Kreditauskünfte
- *UKM_MONITOR* – Nachträge zur externen Kreditauskunft

Wie alle Massentransaktionen von SAP bieten diejenigen in SAP Credit Management eine Selektionsmöglichkeit nach Intervallen. Intervallselektionen sind nach Geschäftspartner, Verfahren und beim Kreditlimit zusätzlich nach Kreditsegmenten möglich. Mit der Transaktion *UKM_MASS_SHOW* speichern Sie Ergebnislisten als Extrakte und lassen sich diese später wieder anzeigen. Die Transaktionen zur Massenänderung können als Testlauf (voreingestellt) und Echtlauf durchgeführt werden. Beim Ausführen der Massenänderung zu Kreditlimits können Sie nicht vorhandene Kreditsegmente neu anlegen. Massentransaktionen in SAP Credit Management folgen der bekannten Bedienung in anderen Komponenten, z. B. hinsichtlich der erweiterten Selektion. Eingabemöglichkeiten sind sprechend und mit Feldhilfen versehen.

Eine Möglichkeit zur Kontrolle von Stammdatenänderungen zum Geschäftspartner bietet die Transaktion *UKM_BP_DISPLAY*. Hier zeigt

Ihnen eine Übersicht vor und nach der Änderung, ob die gewünschten Ergebnisse erzielt wurden.

In Tabelle 3.1 sehen Sie eine Übersicht über Transaktionscodes zur Massenbearbeitung und Anzeige.

Transaktionscodes	Bezeichnung
UKM_MASS_DSP1	Kreditprofil
UKM_MASS_DSP2	Kreditsegment
UKM_MALUS_DSP	Kreditlimitausschöpfung
UKM_VECTORS	Kennzahlen zum Zahlungsverhalten
UKM_COMMITMENTS	Obligo
UKM_BP_DISPLAY	Stammdatenliste
UKM_MASS_RECON	Abstimmung des Obligos
UKM_LOGS_DISPLAY	Protokolle im SAP Credit Management
UKM_MASS_SHOW	Extrakte anzeigen

Tabelle 3.1: Massentransaktionen und Listen

3.2 Workflow

Die Einrichtung des Workflows ist über verschiedene SAP-Komponenten verteilt. Die Festlegung der Ereignisse und Folgeprozesse erfolgt im Customizing (siehe Kapitel 7). Dort werden hierarchisch die drei Schritte zur Bearbeitung der Kreditstatus des Geschäftspartners festgelegt.

Schritt 1: Basis für einen Workflow ist immer der *Geschäftsprozess*. Im Kreditmanagement ist dies der komplexe Prozess der Kreditüberwachung. Dessen wichtige SAP-Teilprozesse sind die Festlegung und Änderung des Kreditlimits mit der dokumentierten Kreditentscheidung.

Schritt 2: Ferner gehören zum Workflow das Aktualisieren der Bonität, die Anpassung der Daten im Kreditsegment, die Harmonisierung der Daten in den Komponenten FSCM, FI und SD sowie die Fortschreibung der Obligos.

Schritt 3: Die FSCM-Komponente SAP Credit Management schließlich stellt die dritte Stufe im Prozess der finanziellen Wertschöpfung dar. Start ist häufig eine Klärungsfallbearbeitung von Reklamationen, gefolgt vom SAP Collections Management zur Bearbeitung der Zahlungsdifferenzen und führt dann zum Kreditmanagement mit der Prüfung des Kreditlimits.

In dieser Folge läuft auch der Prozess in den Firmen ab: Erst wird der Zahlungsausbleib geklärt. Haben wir pünktlich geliefert? War die Reklamation berechtigt? Hat unser Kunde eigenmächtig die Zahlung ganz oder vollständig gekürzt? Anschließend wird versucht, die Zahlung zeitnah einzubringen. Die Antworten auf die Fragen fließen schon in die Betrachtung im Kreditmanagement mit ein. Zu fast allen Entscheidungen lassen sich Workflows einrichten, mindestens als Benachrichtigung. Wir starten mit der Einrichtung des Workflows für SAP Credit Management. Sie erreichen den Workflow über den Pfad: SAP Easy Access • SAP Menü • Werkzeuge • Business Workflow • Entwicklung • Administration • Ereignismanager • Typkopplungen.

Der Transaktionscode ist *SWETYPV*. Hier werden für die Objekttypen CL_UKM_BUSINESS und CL_UKM_ACCOUNT die in Abbildung 3.5 dargestellten Einstellungen vorgenommen.

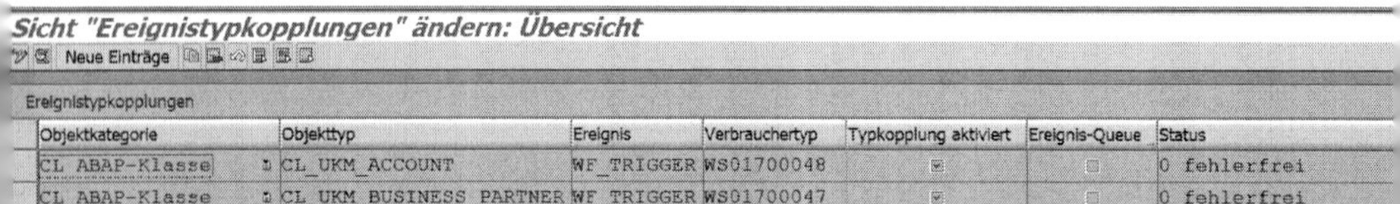
Sicht "Ereignistypkopplungen" ändern: Übersicht

Neue Einträge

Ereignistypkopplungen

Objektkategorie	Objekttyp	Ereignis	Verbrauchertyp	Typkopplung aktiviert	Ereignis-Queue	Status
CL ABAP-Klasse	CL_UKM_ACCOUNT	WF_TRIGGER	WS01700048	☑	☐	0 fehlerfrei
CL ABAP-Klasse	CL_UKM_BUSINESS_PARTNER	WF_TRIGGER	WS01700047	☑	☐	0 fehlerfrei

Abbildung 3.5: Erstellung der Workflowkonfiguration

Zur besseren Übersicht zeigen Abbildung 3.6 und Abbildung 3.7 die Einzeleinträge.

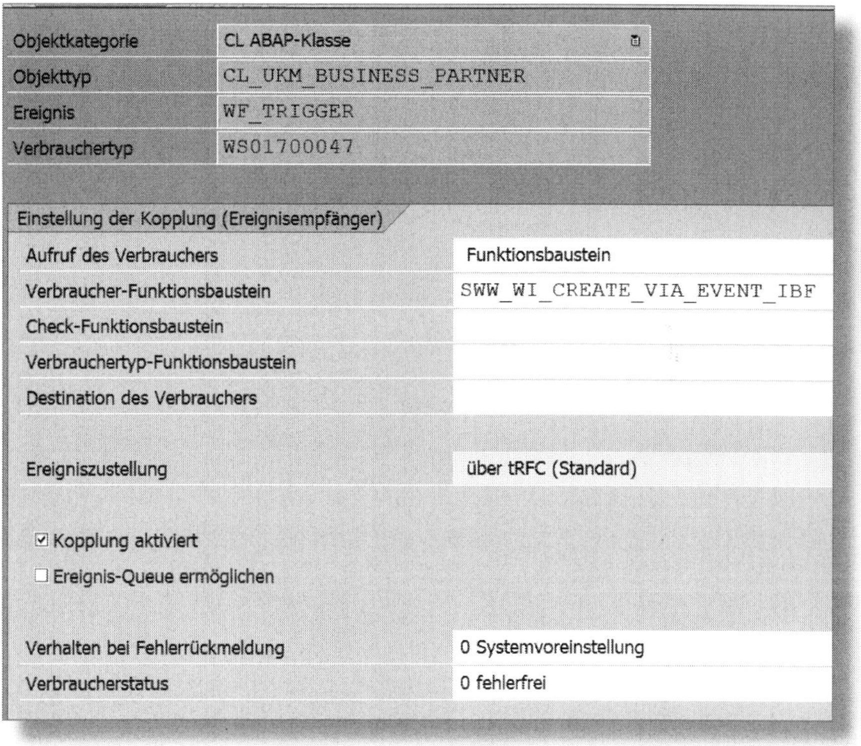

Abbildung 3.6: Workflow-Detailkonfiguration zum Geschäftspartner

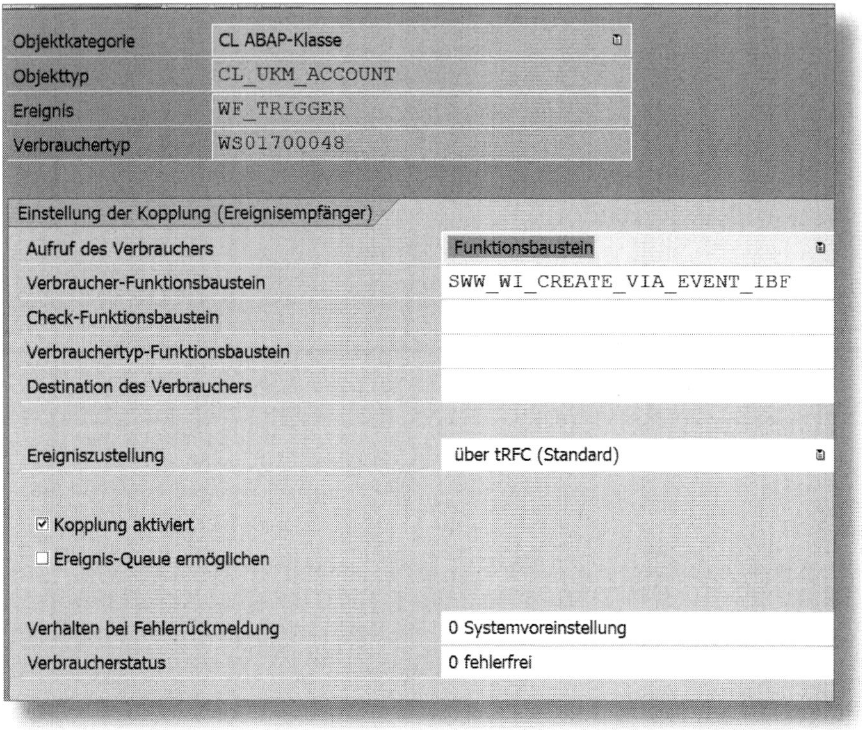

Abbildung 3.7: Workflow-Detailkonfiguration zum Konto

Die EREIGNISZUSTELLUNG wird bei Bedarf angepasst.

Als nächster Schritt wird der Workflow mit dem *Workflow Builder* weiterbearbeitet. Sie finden ihn über den Pfad SAP EASY ACCESS • SAP MENÜ • WERKZEUGE • BUSINESS WORKFLOW • ENTWICKLUNG • DEFINITIONSWERKZEUGE • WORKFLOW BUILDER • WORKFLOW BUILDER. Der Transaktionscode ist *SWDD*. Am Beispielworkflow WS 01700047 (Genehmigungen für Kreditlimitänderungen einstellen) sehen Sie die Möglichkeit der grafischen Gestaltung als Ausschnitt (siehe Abbildung 3.8).

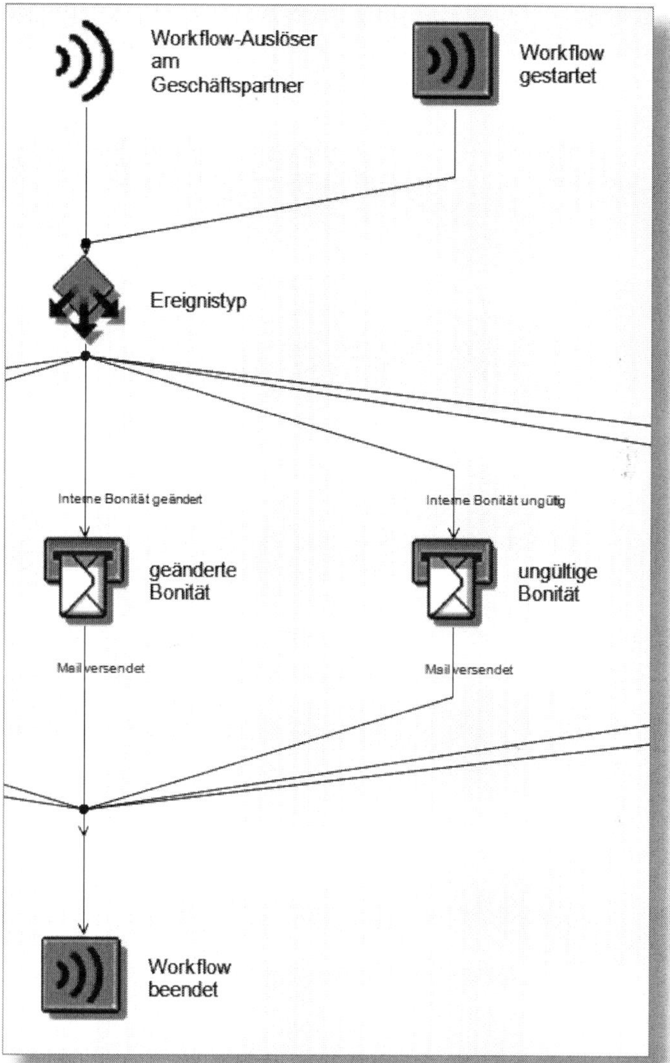

Abbildung 3.8: Grafische Teilansicht – Workflow WS01700047

Der Workflow WS01700047 muss als »generelle Aufgabe« definiert werden, d. h., dass alle Benutzer in SAP Credit Management sie bearbeiten können.

Sie definieren diese Einstellung für die Workflows WS01700047 und WS01700048 mit der Transaktion *SWDD*. Nach dem Start der Transaktion *SWDD* geben Sie im Informationsbereich in das Feld Workflow die Bezeichnung *WS01700047* ein. Sie bestätigen die Informationsmeldung Bitte führen Sie nur dringende Reparaturen in fremden Namensräumen aus. Im nächsten Schritt klicken Sie in der Systemmenüleiste auf Springen und wählen den ersten Eintrag Grunddaten aus. Sie sehen das Ergebnis in Abbildung 3.9.

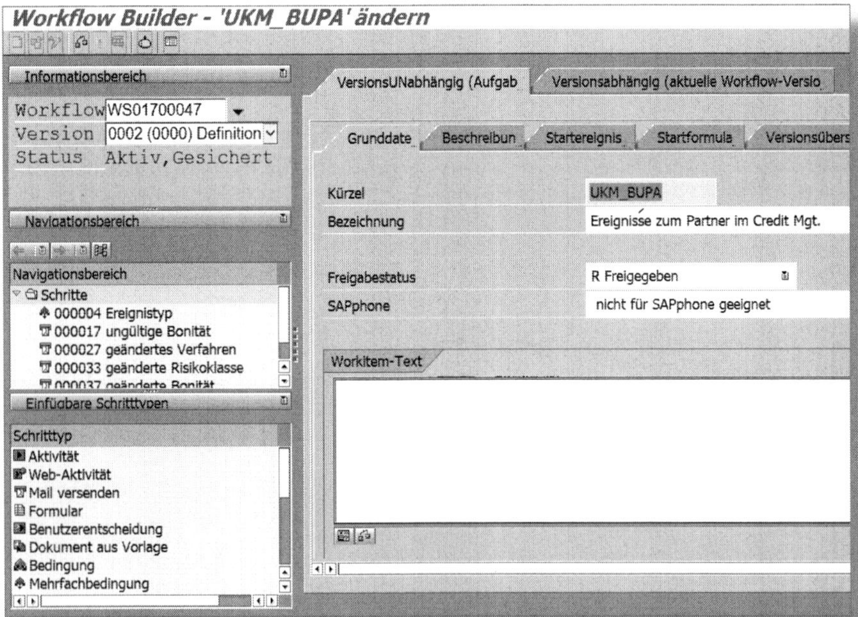

Abbildung 3.9: Workflow – Grunddaten

Anschließend klicken Sie wieder in der Systemmenüleiste auf Springen und wählen den Eintrag Bearbeiterzuordnung für Aufgabe. Danach klicken Sie in der Bildmenüleiste auf den Eintrag Eigenschaften... und erhalten das Bearbeitungsbild in Abbildung 3.10.

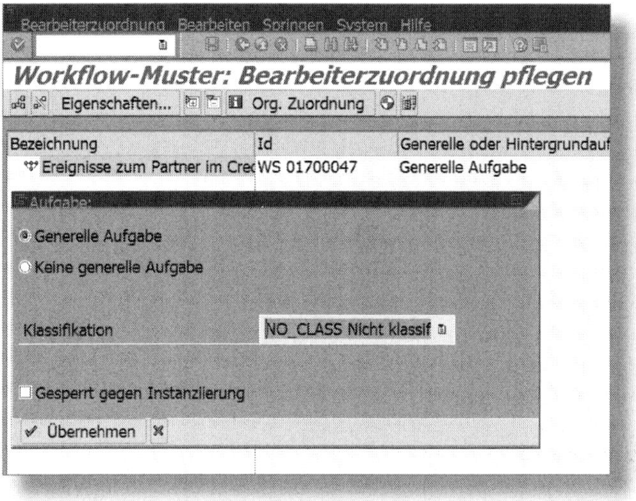

Abbildung 3.10: Bearbeiterzuordnung – generelle Aufgabe

Hier aktivieren Sie GENERELLE AUFGABE und bestätigen die Auswahl mit ÜBERNEHMEN. Anschließend öffnet sich ggf. noch das Fenster für den Transportauftrag in Ihrem System.

Für den Workflow WS01700048 »Kreditkonto-Ereignisse« führen Sie den Arbeitsgang analog durch. Die Einstellung der Workflows ist eine Ergänzung der Schrittfolgen im Customizing (siehe Kapitel 7). Sie können den Workflow nun im Workflow Builder in der grafischen oder in der Textform komplett Ihren Prozessen gemäß anpassen.

3.3 Berechtigungen

Die erste wichtige Festlegung gilt der Rolle UKM000. Damit steuern Sie den Zugriff auf die abhängigen und unabhängigen Daten des Geschäftspartners in SAP Credit Management.

SAP liefert im Standard folgende Berechtigungen für SAP Credit Management aus:

- Das Berechtigungsobjekt F_UKM_SGMT verfügt mit den Feldern Kreditsegment und Aktivität über die Möglichkeit, die Anzeige- und Änderungsberechtigungen anzupassen.
- Die ausgelieferte Standardrolle FIN_FSCM_CR_USER enthält alle Berechtigungen ohne Einschränkungen.
- Falls Sie den Zugriff auf die Protokolldateien einschränken wollen, verwenden Sie dafür das Berechtigungsobjekt S_APPL_LOG.

Für die weiteren Komponenten und Services gelten die bekannten Berechtigungen mit Rollen, Objekten und Aktivitäten. Sie finden zu diesem Thema auch eine Ergänzung in Abschnitt 7.5. Der Transaktionscode zur Berechtigungspflege ist *PFCG*.

4 Prozessintegration

Aktivitäten rund um den Kunden gehören gleichermaßen in den Vertrieb und den Verkauf wie auch in die Kundenbuchhaltung. Um die kompletten Prozesse zu gestalten, sind Kunden als Geschäftspartner in die Logistik und das Rechnungswesen integriert. Erfahren Sie in diesem Kapitel, wie das Kreditmanagement in SAP S/4HANA neuerdings direkt mit den Komponenten Vertrieb und Buchhaltung verknüpft ist.

4.1 Integration mit der Debitorenbuchhaltung (FI-AR)

In diesem Abschnitt geht es um die Integration der Komponenten SAP Credit Management (FIN-FSCM-CR) und Debitorenbuchhaltung (FI-AR) für die Anwendungsdaten im Kreditmanagement. Das im Standard ausgelieferte BAdI UKM_R3_ACTIVATE ist nicht aktiv. Es muss auch nicht aktiviert werden, da ein Fallback-Szenario implementiert ist (siehe Ausführungen zum Customizing in Kapitel 7).

Die Integration mit FI-AR umfasst im Wesentlichen zwei Szenarien mit entsprechenden Programmen:

1. Obligofortschreibung
2. Fortschreibung der Kennzahlen zum Zahlungsverhalten

Als Vorarbeit wurden im Customizing die Kreditkontrollbereiche den Kreditsegmenten in der Tabelle UKM_KKBER2SGM zugeordnet. Das Programm zur asynchronen Obligofortschreibung UKM_TRANSFER_ITEMS generiert XI-Meldungen. Diese verwenden Sie im Standard zur Deltaübertragung der offenen Posten, aber auch zum Neuaufbau der Posten für SAP Credit Management. Das Programm UKM_TRANSFER_ITEMS ist über den gleichnamigen Transaktionscode *UKM_TRANSFER_ITEMS* zu erreichen, der Pfad dorthin lautet: SAP EASY ACCESS • SAP MENÜ • RECHNUNGSWESEN • FINANCIAL SUPPLY CHAIN

MANAGEMENT • CREDIT MANAGEMENT • INTEGRATION CREDIT MANAGEMENT MIT FI-AR.

Für die Fortschreibung der Kennzahlen zum Zahlungsverhalten steht das Programm UKM_TRANSFER_VECTOR mit dem gleichnamigen Transaktionscode *UKM_TRANSFER_VECTOR* zur Verfügung. Die Vorgehensweise zum Generieren der XI-Meldungen entspricht derjenigen für das Programm zur Obligofortschreibung.

Die Einstellungen zu den Selektionsmöglichkeiten für die Kreditprüfung im neuen Kreditmanagement werden in Kapitel 7 vorgestellt und können mittels BAdI ergänzt werden.

4.2 Integration mit dem Vertragskontokorrent (FI-CA)

Für die Komponente FI-CA bedarf es keiner Integration seitens SAP Credit Management. Positiv hervorzuheben ist, dass FI-CA als industrieübergreifende Variante und in den industriespezifischen Ausprägungen mit dem Geschäftspartner als Personalunion von Kreditor und Debitor das Kreditmanagement automatisch schon an Bord hat.

In einer Firma sollte entweder das herkömmliche Kreditmanagement oder das neue mit SAP Credit Management eingesetzt werden. Der parallele Einsatz erschwert die zentrale Steuerung im Kreditmanagement.

Die Voraussetzungen und Abhängigkeiten für den Einsatz von Komponenten und Branchenlösungen können Sie in der Transaktion *SFW5* vergleichen.

Die Nutzung des Kreditmanagements mit FI-CA(X) folgt einer anderen Logik als mit FI-AR. Daher wird in diesem Buch das Kreditmanagement im Vertrags- und Massenkontokorrent nicht beschrieben.

4.3 Integration mit dem Vertrieb (SD) und Versand (LE-SHP)

Für die Arbeit in der Komponente SD mit allen Aktivitäten zum Vertrieb, Verkauf, Versand und zur Lieferung sind die Ergebnisse der Kreditprüfung wichtig. Hier besteht neben der Option der manuellen Kreditkontrolle im Einzelfall noch die Option der folgenden drei Vorbelegungen:

- Kreditprüfung auf der Basis eines maximalen Belegwerts
- Kreditprüfung bei Veränderungen von kreditrelevanten Feldern
- Kreditprüfung durch SAP Credit Management nach den Customizing-Einstellungen zur automatischen Kreditkontrolle

Diese Vorbelegungen können komplett im Customizing oder in BAdIs ausgeprägt werden. Im Rahmen der Kreditüberwachungsprozesse spielen zudem die Informationen aus den Kundenaufträgen eine Rolle. Im Workflow ist eine Aussteuerung der Kreditrisikobearbeitung hinsichtlich vertriebsrelevanter Informationen möglich. Dies gilt ebenso für den Versand, etwa ob und wann eine Versandsperre letztendlich greift.

Die Datenfortschreibung und die Prüfung der Kreditinformationen von SD und FI-AR mit SAP Credit Management erfolgt im Standard synchron. Der Aufruf der Kreditüberwachung und ihrer einzelnen Funktionen erfolgt über die Transaktionen des SAP Credit Management. Die dazu erforderlichen Transaktionen sind in den SD-Menübaum eingebunden. Die Voraussetzungen für die Integration inklusive der vielfältigen Prüfungen sind zuvor im Customizing der Integration anzugeben.

Aber was erwartet Sie nun speziell bei der Integration von Kreditmanagement und Versand? Die Prüfung des Kreditlimits erfolgt auf das Auftragsobligo, das Lieferobligo oder die offenen Posten der Faktura. Ein Beispiel für die Fortschreibung des Obligos aus einem Auftrag sehen Sie in Abbildung 4.1. Im Detailfeld zur Einzelposition erkennen Sie am Schlüssel, dass es sich bei dem Auftrag *Obligotyp 100* um die Nummer *11300* mit der Position 10, in der Währung US-Dollar (USD), vom 1. September 2016 handelt.

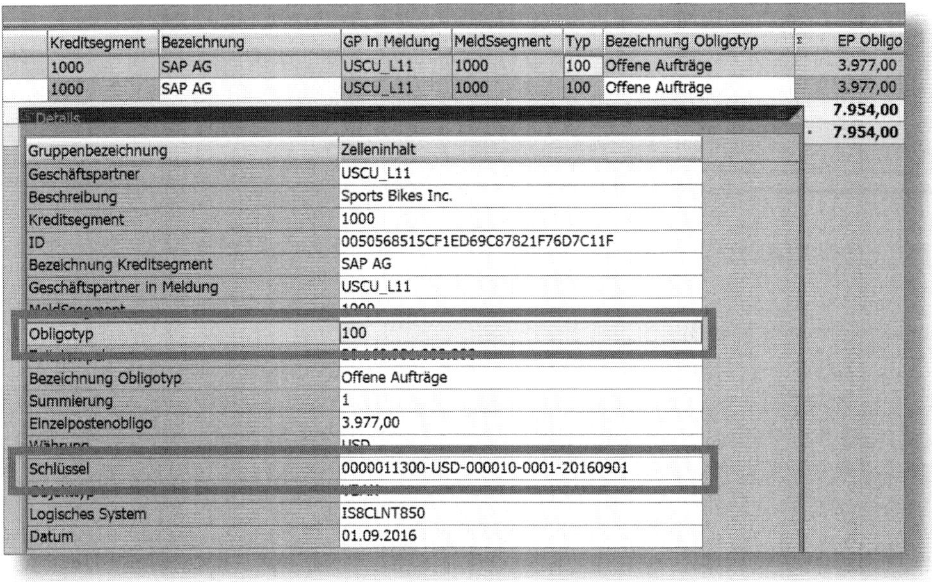

Abbildung 4.1: Obligofortschreibung aus SD in FSCM

Für den Auftrag können Sie automatisch oder manuell eine Liefer- und/oder Versandsperre setzen. Diese bewirkt, dass der Workflow zur Kreditlimitanpassung gestartet wird und eine dokumentierte Kreditentscheidung zu erarbeiten ist. In Abschnitt 5.1 finden Sie eine Beschreibung, wie die Kreditprüfung auf den verschiedenen Stufen geführt wird. Eine Bildfolge zeigt Ihnen dort die relevanten Felder zur neuen Stufe: der integrierten Kreditprüfung.

4.4 Nachrichtensteuerung für FI-AR und FI-CA

Die Nachrichtensteuerung erfolgt in SAP-Systemen über mehrere Ebenen. Viele dieser Ebenen tauschen technische Informationen aus, die für Basisberater, Programmierer und PI-Berater von Bedeutung sind. Es existieren Schnittstellen für den Austausch zwischen Applikationen (A2A) sowie zwischen eigenen und fremden Firmen (B2B). Für uns von Bedeutung sind die vielen Schnittstellen zur Prozessintegration zwischen den Komponenten, die in den Prozessen die Fortschreibung der Daten sichern. So stehen die Daten der Kreditprüfung auch außerhalb von FSCM zur Verfügung, das Obligo wird fortgeschrieben, und Informationen zu Zahlungseingängen werden weitergereicht. Das ist bedeutsam für die Integration zum SD und FI-AR. Diese Applikationen tauschen Informationen mit SAP Credit Management aus, egal, in welchem System sie laufen. Zusätzlich werden Informationen für die externe Bonitätsbeschaffung ausgetauscht. Die Kommunikation verläuft in beide Richtungen.

Das Thema »Nachrichtensteuerung« ist sehr umfangreich und wird an den entsprechenden Stellen im Buch auf Prozessebene beschrieben. SAP NetWeaver allein bietet Stoff für ein separates themenbezogenes Buch für einen technisch orientierten Leserkreis.

5 Kreditlimit und Regeln

Erfahren Sie hier, wie Sie in Zukunft das Kreditlimit pflegen, das Kreditrisiko überwachen, die Stammdaten aktuell halten und welche neuen Möglichkeiten sich Ihnen mit den modernen Funktionen im neuen Kreditmanagement bieten.

5.1 Kreditlimit und Fallakte/Case, Dokumentenpflege

Im Rahmen der Kreditrisikoprüfung wird als Erstes die Frage gestellt, ob ein Kunde überhaupt beliefert wird. Soll der Kunde beliefert werden, muss ein Kreditlimit bestimmt werden. Für diesen Prozess betrachten wir, wie die Freigabe von Belegen mit der Kreditprüfung erfolgt. Werden Belege gesperrt, weil das Kreditlimit nicht ausreicht, betrachten wir die dokumentierte Kreditentscheidung zum Beleg oder zum Konto.

In Abschnitt 5.2 treffen Sie die Erstentscheidung zum Kreditlimit, zum Risiko, zur Bonität usw. Dafür ist weder eine Beleg- noch eine Kontosperre erforderlich. Ihr Kunde startet hier als Neukunde, und der Kreditmanager bestimmt durch diese Neukundenzuordnung die Ermittlung für ein Kreditlimit. Zusätzlich können weitreichende Sicherheiten oder Vorauszahlungen fest hinterlegt werden. Diese Aktionen sind eingebettet in die Mindestanforderungen an ein zeitgemäßes Kreditmanagement (siehe Abschnitt 1.1). Gerade in Zeiten wirtschaftlicher Unsicherheit sind erhöhte Wachsamkeit und Vorsorge geboten. Das aktuelle Thema sind sogenannte Zombieunternehmen, d. h. Firmen, die nur mit Krediten überleben und als Geschäftspartner hoch riskant sind.

Im Geschäftspartnerstammsatz finden Sie die auszufüllenden Felder zum Kreditmanagement. Hierzu zählen auch die Bonität und die Risikoklasse. Als Voraussetzung gehen wir von vollständig angelegten Geschäftspartnerdaten im allgemeinen Segment aus.

Weiterführende Informationen zum Geschäftspartner

Allgemeine Daten sind in SAP ein hohes Gut. Hier werden z.B. die aktuelle Anschrift und alle weiteren Kommunikationsdaten hinterlegt. Details zum Geschäftspartner lesen Sie im Buch von Robin Schneider: »Praxishandbuch SAP-Geschäftspartner (Business Partner) – Funktionen und Integration in SAP S/4HANA« (Espresso Tutorials, 2020).

Erinnern wir uns: Was führt zu einem Kreditlimitproblem? Dieses betrifft immer das Obligo bzw. offene Posten. In der Komponente FI-AR sind die Ursachen ganz klar ausstehende Zahlung und offene Posten. In der Komponente SD wiederum sind es zu viele offene Bestellungen, Lieferungen oder Rechnungen zum Kunden, und in der Komponente FI führen offene Posten oder nicht bezahlte Rechnungen zum Kreditlimitproblem. Ist das Kreditlimit ausgeschöpft, wird der nächste Beleg abgelehnt und schiebt eine dokumentierte Kreditentscheidung als Folgeprozess an. Ein offener Posten in FI-AR ohne Auftragsbezug allein ist kein ausreichender Grund für das Fehlschlagen der Kreditlimitprüfung oder eine Sperre des Belegs und damit für einen Kreditlimitfall.

Sehen wir uns die möglichen Obligotypen in Tabelle 5.1 an.

Obligotyp	Bezeichnung	Komponente
100	Auftragsobligo	SD
200	Offener Posten	FI-AR
300	Sonstiges Obligo	SD
400	Lieferbetrag	SD
500	Fakturabetrag	SD

Tabelle 5.1: Obligotypen

Die Integration von SAP Credit Management mit FI-AR und SD basiert auf einem Datenaustausch in beide Richtungen. So werden die eingehenden Zahlungen, Storni oder Verrechnungen an SAP Credit Management übergeben und führen zum Abbau der offenen Posten und des Obligos. Im Bedarfsfall, z. B. bei Umstrukturierungen und Änderungen der Kreditsegmente, kann das Obligo neu aufgebaut und fortgeschrieben werden. Während das Szenario einer *Einsystemlandschaft* auf der Integration der Komponenten FI, SD und FSCM basiert und keiner weiteren manuellen Aktivitäten zur Datenübertragung bedarf, werden in einer Mehrsystemlandschaft die Daten synchron oder asynchron an SAP Credit Management (FIN-FSCM-CR) übergeben und den Komponenten FI und SD nach Verarbeitung in SAP Credit Management wieder zur Kreditlimitprüfung zur Verfügung gestellt. Das erfolgt analog zu den bekannten ALE-Szenarien.

Das Durchlaufen einer Bestellung mit dem anschließenden Anlegen eines Auftrags, der Belieferung sowie der späteren Faktura inklusive Übergabe an den Geschäftspartner/Kunden in FI-AR sorgt auf dem Weg zum Aufbau und später zum Abbau der Obligos. Die Kenntnis der Abfolge der Einzelpostenobligos unterstützt die Analyse im Prozess der Kreditlimitprüfung. So kann die Ursache einer fehlgeschlagenen Kreditlimitprüfung auch ein fehlerhafter Obligoaufbau sein. In diesem Fall wäre der Neuaufbau des Obligos für das betreffende Kreditsegment unter Berücksichtigung kürzlich vorgenommener Umstrukturierungen zu empfehlen.

Wie in Abschnitt 4.2 versprochen, folgt hier die Prozessbeschreibung mit Bildfolge zum Auslösen der integrierten Kreditprüfung ausgehend vom Auftrag der Logistik. Für die Verfeinerung stehen BAdIs im Customizing zur Verfügung. Die automatische Kreditprüfung kann mit dem BAdI BADI_SD_CM ausgeprägt werden. Sie nutzen die Methoden FSCM_CREDIT_CECK_ORDER (zum Auftrag) und FSCM_CREDIT_CHECK_DELVRY (zur Lieferung). Im Auslieferungsstand sind diese Erweiterungen nicht vorhanden. Im Customizing werden für die automatische Kreditlimitprüfung (siehe Kapitel 7) die in Abbildung 5.1 ersichtlichen Einstellungen vorgenommen.

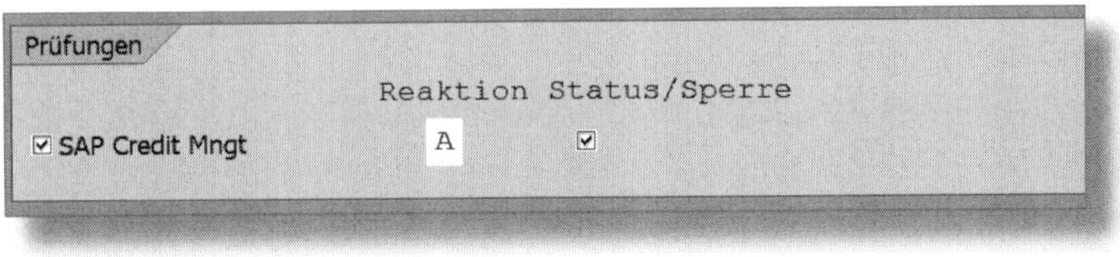

Abbildung 5.1: Sperre Geschäftspartner – Customizing

Sobald das Kreditlimit für Auftrag und Lieferung erreicht ist, wird der Geschäftspartner ordnungsgemäß in SAP Credit Management gesperrt (siehe Abbildung 5.2). Sie sehen dieses Bild im Stammsatz des Geschäftspartners im jeweiligen Kreditsegment. Nicht betroffene Kreditsegmente bleiben von der Sperrung ausgenommen.

Abbildung 5.2: Sperre Geschäftspartner – Anwendungssicht

Wenn die Kreditüberwachung des Kunden nicht erfolgreich war, können Sie einen umfassenden Überblick über das Konto des Geschäftspartners in der Kreditliste erhalten (siehe Abbildung 5.3). Verwenden Sie dazu den Transaktionscode *UKM_MALUS_DSP*.

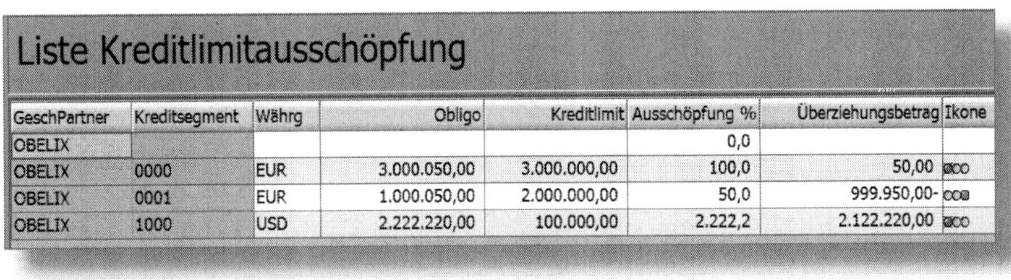

Liste Kreditlimitausschöpfung

GeschPartner	Kreditsegment	Währg	Obligo	Kreditlimit	Ausschöpfung %	Überziehungsbetrag	Ikone
OBELIX					0,0		
OBELIX	0000	EUR	3.000.050,00	3.000.000,00	100,0	50,00	
OBELIX	0001	EUR	1.000.050,00	2.000.000,00	50,0	999.950,00-	
OBELIX	1000	USD	2.222.220,00	100.000,00	2.222,2	2.122.220,00	

Abbildung 5.3: Liste Kreditlimitausschöpfung

Als Folgearbeit steht die Prüfung des Kreditlimits an. Sie nutzen dafür den Prozess der dokumentierten Kreditentscheidung. Diese erreichen Sie direkt über den Transaktionscode *UKM_CASE* auf dem Bild SAP

EASY ACCESS unter FÄLLE • DOKUMENTIERTE KREDITENTSCHEIDUNGEN • SUCHE oder MEINE DOKUMENTIERTEN KREDITENTSCHEIDUNGEN (siehe Abbildung 5.4). In der rechten Bildhälfte steht Ihnen für viele Felder eine Suchoption zur Verfügung, z. B. für die Fall-ID (siehe Abbildung 5.5). Ein abgelehnter und daher gesperrter Beleg hat dessen Bearbeitung zur Folge und führt Sie entweder herkömmlich durch den Prozess über die Transaktion *VKM1 (gesperrte Belege im Vertrieb)* (siehe Abschnitt 5.2) oder ganz neu direkt zur dokumentierten Kreditentscheidung in SAP Credit Management – falls diese in Ihrem System eingerichtet ist.

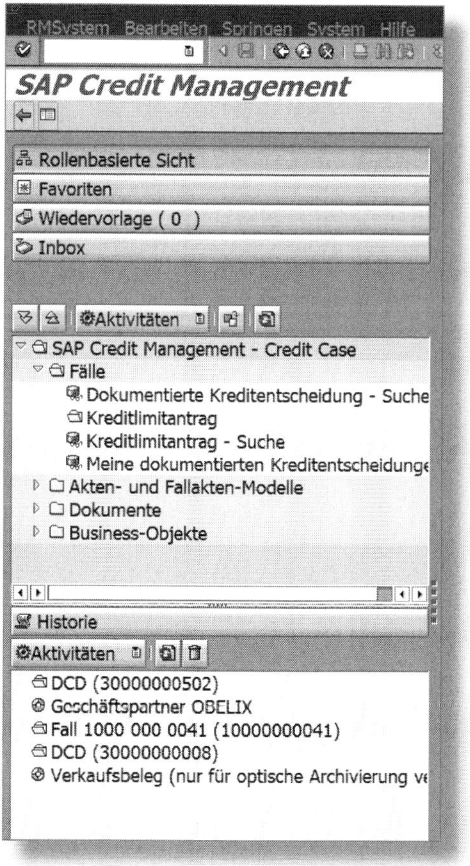

Abbildung 5.4: Dokumentierte Kreditentscheidung – Einstieg

Sobald Sie den Workflow eingestellt und die Folgeprozesse sowie die Bearbeitung als generelle Aufgabe zugewiesen haben, kann jeder Bearbeiter die Funktion »Kreditsachbearbeiter« ausführen und gesperrte Belege bearbeiten. Es gibt im Workflow zusätzlich noch die Einstellung für die generelle Weiterleitung. Sie gestattet Ihnen eine freiere Bearbeitungsreihenfolge, indem Sie Bearbeiter überspringen.

Einige bekannte Funktionen aus der bisherigen Bearbeitung gesperrter Vertriebsbelege bleiben Ihnen erhalten und können (auch nach der Migration) weiter genutzt werden. Im Bedarfsfall ist es möglich, die bisherigen Felder in Kundenerweiterungen mit ausprägen zu lassen.

Hier sei noch einmal kurz auf die Voraussetzungen für die Erstellung einer dokumentierten Kreditentscheidung verwiesen, wobei nur einer der Punkte oder auch alle erfüllt sein können:

- Das Kreditlimit ist überschritten.
- Es gibt gesperrte Aufträge und/oder Lieferbelege.
- Das Konto ist im Kreditsegment gesperrt.

Weitere auslösende Ereignisse können Sie im Customizing festlegen oder in Erweiterungen aufnehmen.

Sie sehen in Abbildung 5.4 das Einstiegsbild zur Transaktion *UKM_CASE*, mit der Sie zukünftig alle Fälle in FSCM bearbeiten können – inklusive der Fälle im neuen Kreditmanagement.

Da Ihnen eine Bearbeiterrolle zugeordnet ist, empfehle ich die Darstellung in der Rollenbasierten Sicht. Unter SAP Credit Management – Credit Case finden Sie den Ordner Fälle. Hier sehen Sie Ihre eigenen Fälle im Ordner Meine dokumentierten Kreditentscheidungen. Alternativ ist es möglich, die Fälle zu suchen, z. B. zum Geschäftspartner. Abbildung 5.5 zeigt ein Beispiel für eine dokumentierte Kreditentscheidung.

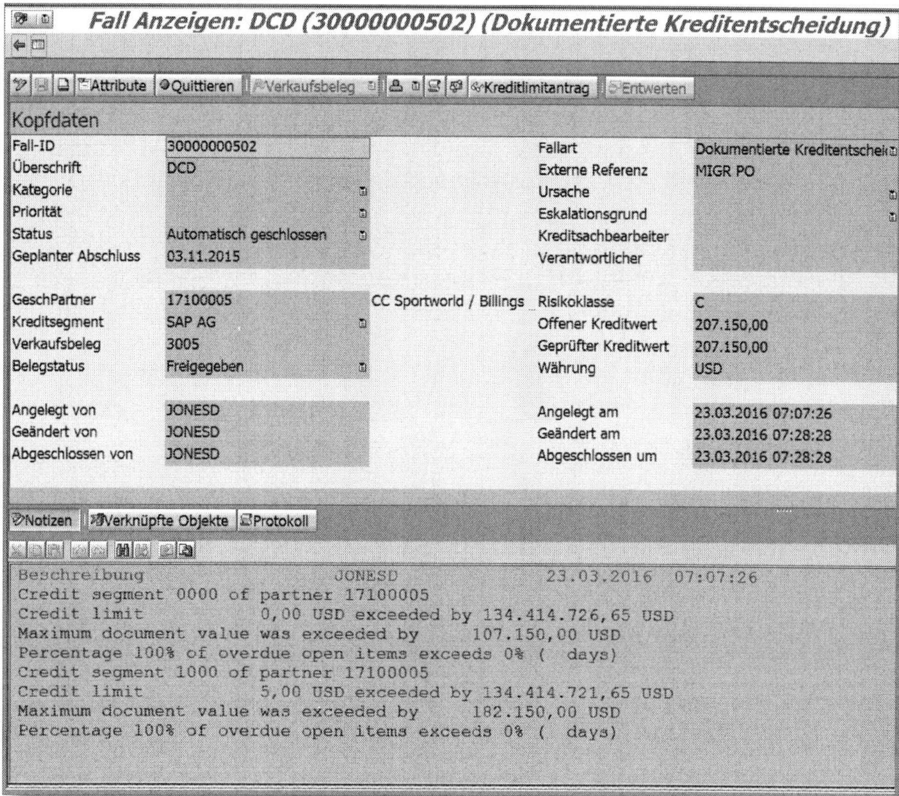

Abbildung 5.5: Fallansicht »Dokumentierte Kreditentscheidung«

Sie können in der Bearbeitungssicht den Belegstatus ändern und den gesperrten Beleg z. B. freigeben. Häufige Folgeaktionen sind ein Kreditlimitantrag, die Änderung des Kreditlimits oder eine Neuordnung der Positionen. Auch können Sie anderen Belegen (anderen Kundenbestellungen) den Vorzug geben oder den Beleg absagen (diese Kundenbestellung nicht beliefern). Alle in Ihrem bisherigen Bearbeitungsprozess eingerichteten Optionen sind auch hier im Customizing definierbar und stehen danach zur Verfügung.

Der *Vertriebsbeleg* wird durch die Funktionen in SAP Credit Management aufgewertet, alle bisherigen Status und Statusfelder finden Sie auch zukünftig im SAP-Vertriebsbeleg wieder. Sehr vorteilhaft ist im Rahmen der dokumentierten Kreditentscheidung die Versendung einer abgesicherten wirtschaftlichen und ggf. rechtssicheren Auskunft an Ihren Geschäftspartner. Dieser Vorgang heißt *Momentaufnahme versenden*. Vorzugsweise wird hierfür als Basis die dokumentierte Kreditentscheidung zum Konto genutzt. Dabei handelt es sich um ein Formular, z. B. als PDF-Datei. Die Momentaufnahme finden Sie im Bild der dokumentierten Kreditentscheidung unter Verknüpfte Objekte (siehe Abbildung 5.6).

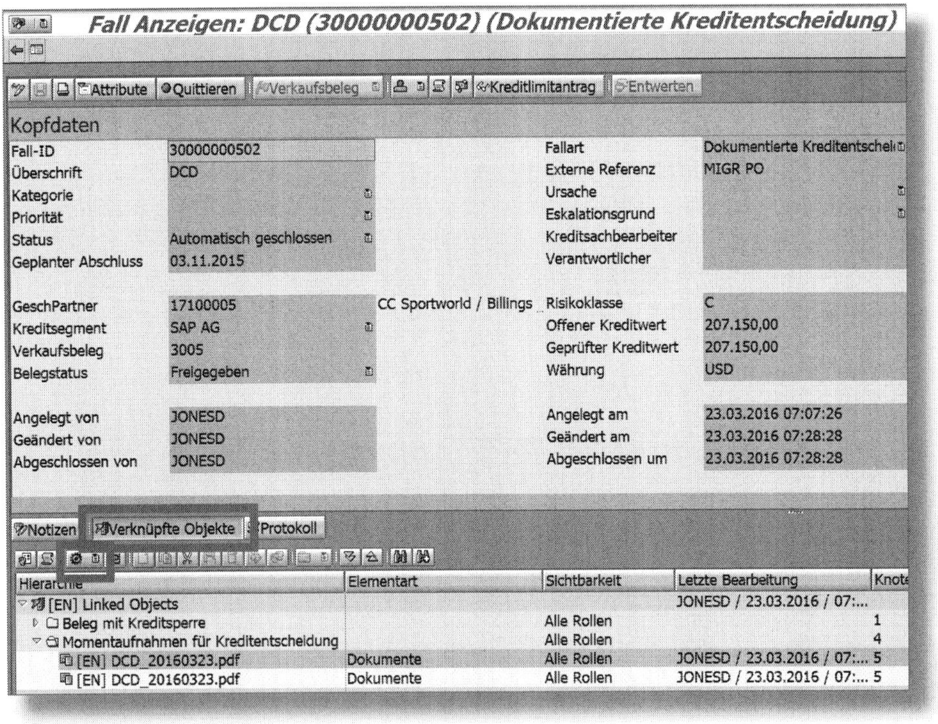

Abbildung 5.6: Momentaufnahme

Zum Versenden markieren Sie das Dokument, drücken auf das Icon für Aktivitäten und wählen Versenden. Der Versand und der Korrespondenzprozess folgen dem in Ihrer Firma üblichen Muster. Sie ermöglichen Ihrem Kunden eine gute Nachvollziehbarkeit Ihrer Entscheidung und schaffen so eine tragfähige Basis für die weitere Zusammenarbeit.

5.2 Kreditlimit einrichten und bearbeiten

Das Kreditsegment verwaltet Daten analog zum Buchungskreis, wie in Kapitel 3 beschrieben. Sie bearbeiten das Kreditlimit je Kreditsegment im Geschäftspartnerstammsatz. Zusätzlich müssen Sie für die Kreditüberwachung die Risikoklasse einrichten. Für jedes Kreditsegment können Sie das Limit länderspezifisch in der jeweiligen Währung oder nach weiteren organisatorischen Aspekten vorgeben und überwachen.

Wie schon mehrfach angesprochen, ist der neue Prozess zur Änderung des Kreditlimits in SAP Credit Management die dokumentierte Kreditentscheidung. Darüber sind Sie revisionssicher mittels Dokumentation in der Fallakte (Case Management) unterwegs und arbeiten Workflow-gestützt (siehe Abschnitt 3.3).

Wir sehen uns nun noch eine zweite Möglichkeit der Kreditlimitänderung in der Komponente SD an. Sie wird durch die Überziehung des Kreditlimits in SD ausgelöst. Das passiert auf der Stufe der Vertriebsbelege »Auftrag« oder »Auslieferung«. Die Prüfung erfolgt generell auf der Stufe »Gesamtbeleg« und lässt sich auf Positionsebene einrichten. Voraussetzung ist das in Kapitel 7 beschriebene Customizing mit der Integration von FSCM und SAP SD.

Schauen wir uns den Prozess genauer an: Ein Kundenauftrag wurde mit der Transaktion *VA01* angelegt und eingerichtet. Für dessen Bearbeitung setzen Sie die Transaktion *VA02* ein. Der Auftrag kann ggf. auch noch beliefert werden. Auf allen Stufen findet die Prüfung des Kreditlimits statt.

1. Die erste Stufe ist die Erstellung des Auftrags und die Freigabe.

2. Die zweite Stufe ist die ganze oder teilweise Belieferung des Auftrags und die Buchung des Warenausgangs.

3. Die dritte Stufe bildet die Abrechnung des Auftrags oder die Faktura.
4. Die Faktura wird anschließend an die Komponente FI übergeben. Hier greift dann die Kreditlimitprüfung für die offenen Posten nach FI-Logik (siehe Abschnitt 5.1), z. B. über den Obligotyp 200. Dieser Obligotyp wird durch offene Posten gebildet, die in FI gebucht wurden. In Abbildung 5.7 sehen Sie hierzu ein Beispiel. Die Spalte Obligo ges. mit dem Wert *0,00* bedeutet, dass in diesem Kreditsegment kein abgesichertes Obligo angegeben wurde. Das Obligo im Kreditsegment *0001* beträgt hier *1.000.000,00* Euro.
5. Als nächster Schritt wird die Zahlung erwartet oder aber die Mahnung. Im Kreditfall können Informationen aus anderen Buchungskreisen oder Kreditsegmenten bei der Entscheidung berücksichtigt werden.

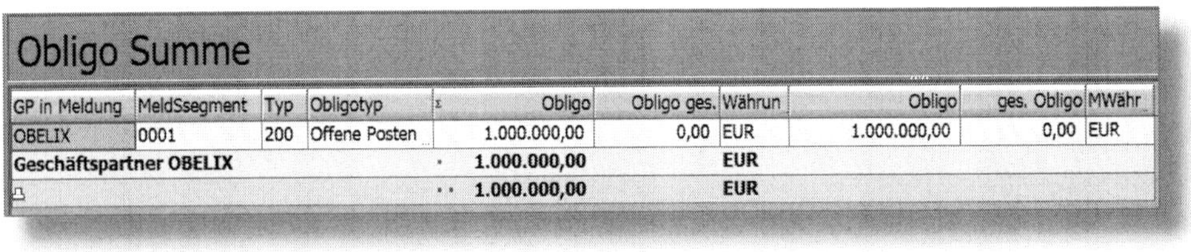
Obligo Summe

GP in Meldung	MeldSsegment	Typ	Obligotyp	Σ	Obligo	Obligo ges.	Währun	Obligo	ges. Obligo	MWähr
OBELIX	0001	200	Offene Posten		1.000.000,00	0,00	EUR	1.000.000,00	0,00	EUR
Geschäftspartner OBELIX				•	**1.000.000,00**		**EUR**			
				••	**1.000.000,00**		**EUR**			

Abbildung 5.7: Obligo im Kreditsegment 0001 ohne Absicherung

Sie erreichen die Übersicht aus Abbildung 5.7 durch Aufruf der Transaktion *UKM_BP* und dort über das Kreditlimit und die Infotaste zum Obligo (siehe Abbildung 5.8).

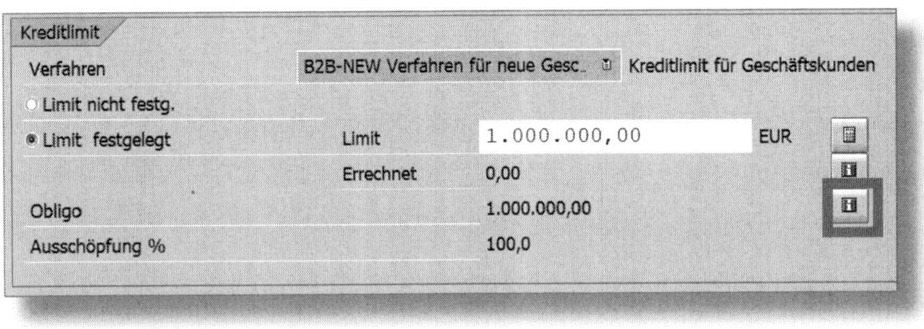

Abbildung 5.8: Obligoaufruf

Die gesperrten Aufträge und Lieferbelege in der Komponente SD rufen Sie mit der Transaktion *VKM1* (Gesperrte Vertriebsbelege) auf. In Abbildung 5.9 sehen Sie die infolge des Status B in der Spalte SAPCM im SAP Credit Management gesperrten Vertriebsbelege. Der GESAMTSTATUS der Belege ist ebenfalls gesperrt.

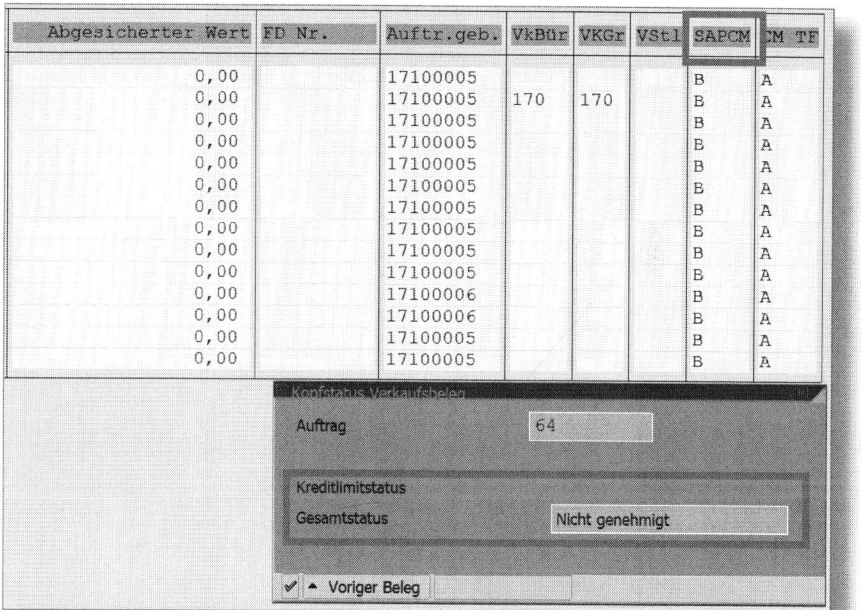

Abgesicherter Wert	FD Nr.	Auftr.geb.	VkBür	VKGr	VStl	SAPCM	CM TF
0,00		17100005				B	A
0,00		17100005	170	170		B	A
0,00		17100005				B	A
0,00		17100005				B	A
0,00		17100005				B	A
0,00		17100005				B	A
0,00		17100005				B	A
0,00		17100005				B	A
0,00		17100005				B	A
0,00		17100005				B	A
0,00		17100006				B	A
0,00		17100006				B	A
0,00		17100005				B	A
0,00		17100005				B	A

Abbildung 5.9: Sperre der Vertriebsbelege wegen Kreditlimits

Die weitere Bearbeitung kann aus der Transaktion *VKM1* heraus erfolgen und basiert auf dem Standardworkflow für SAP Credit Management. In Abbildung 5.10 sehen Sie in der Ergebnisliste der Transaktion *VKM1* einen aufgrund des Kreditlimits als gesperrt markierten Vertriebsbeleg zur weiteren Verarbeitung. Sie können an dieser Stelle entscheiden, ob Sie die dokumentierte Kreditentscheidung nutzen wollen. Zudem gibt es mit Einführung des SAP Credit Management zahlreiche Reports, die Sie gemäß Ihren Anforderungen einsetzen können. Diese finden Sie im *Vertriebsinformationssystem*. Beliebte Berichte und Transaktionen wie der *Kreditstatus* oder das *Stammblatt* sind weiterhin nutzbar.

Ein Vertriebsbeleg wird im Standard auch dann gesperrt, wenn im Geschäftspartnerstamm kein Kreditlimit eingegeben wurde oder dieses nicht mittels Formel errechnet werden kann. Die Festlegung des Kreditlimits kann aber nachgeholt werden. Anschließend wird die Kreditprüfung wiederholt und das Ergebnis neu bewertet. Abbildung 5.9 und Abbildung 5.10 entstammen derselben Ergebnisliste. Sie selektieren den zu ändernden Vertriebsbeleg.

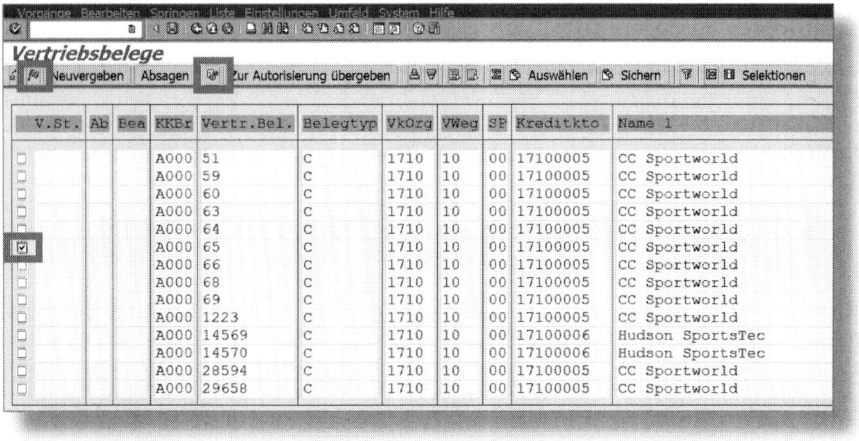

Abbildung 5.10: Auswahl zur Weiterverarbeitung in SD

Die Änderung kann in SD vorgenommen werden. Sie haben dabei folgende Möglichkeiten:

- Sie sagen den Beleg ab (Drucktaste ABSAGEN) und beenden damit die dem Beleg zugrunde liegende Aktivität.
- Sie nehmen eine Neuvergabe vor und teilen die Positionen und Kreditlimits neu auf.
- Sie ändern das Kreditlimit.
- Sie ordnen den Geschäftspartner neu ein, z. B. bei Änderung der Vertriebswege.
- Sie holen externe Informationen ein.
- Sie leiten den Beleg zur Genehmigung weiter.

Ausgehend von den Transaktionen zu den Vertriebsbelegen, z.B. *VA02*, verzweigen Sie in das Kreditkonto des Geschäftspartners. Dazu wählen Sie in der Systemmenüleiste den Pfad UMFELD PARTNER • KREDITKONTO ANZEIGEN. Die schnellste Variante ist die Freigabe ohne SAP Credit Management direkt im Vertriebsbeleg. Dies entspricht dem bisherigen Prozess mit SD oder CRM vor Einführung von SAP Credit Management. Diese Variante sollte aber nur im Notfall gewählt werden. Die dokumentierte Kreditentscheidung wird möglichst zeitnah nachgeholt. Das sichert Ihnen konsistente, revisionssichere Daten und die Anpassung im Kreditsegment des Geschäftspartners.

Kreditlimitantrag

Für die einfache Änderung des Kreditlimits wird mit der Transaktion *UKM_CASE* ein Fall der Art *Kreditlimitantrag* eröffnet. Sie erreichen den Kreditlimitantrag auch über das Anwendungsmenü SAP EASY ACCESS • RECHNUNGSWESEN • FINANCIAL SUPPLY CHAIN MANAGEMENT • CREDIT MANAGEMENT • STAMMDATEN • KREDITLIMITANTRAG.

Definition »Kreditlimitantrag«

Ein Kreditlimitantrag dient der Änderung des Kreditlimits in einem Kreditsegment. Das Kreditlimit soll nicht direkt in den Stammdaten des Geschäftspartners angepasst werden. Mit dem Kreditlimitantrag wird ein Entscheidungs- oder Genehmigungsprozess durchlaufen, an dessen Ende erst das Kreditlimit in den Stammdaten des Geschäftspartners geändert wird.

Der Kreditlimitantrag erweitert das Szenario der Kreditlimitänderung. Wird das Kreditlimit um mehr als den sofort änderbaren Betrag oder Prozentsatz überschritten, wird das geänderte Kreditlimit nicht direkt in den Stammsatz, sondern zuerst in das Feld ANGEFORDERTES KREDITLIMIT geschrieben und der Workflow »Kreditlimitantrag« gestartet.

Die Auswahl in Abbildung 5.11 öffnet automatisch die Neuanlage eines Kreditlimitfalls.

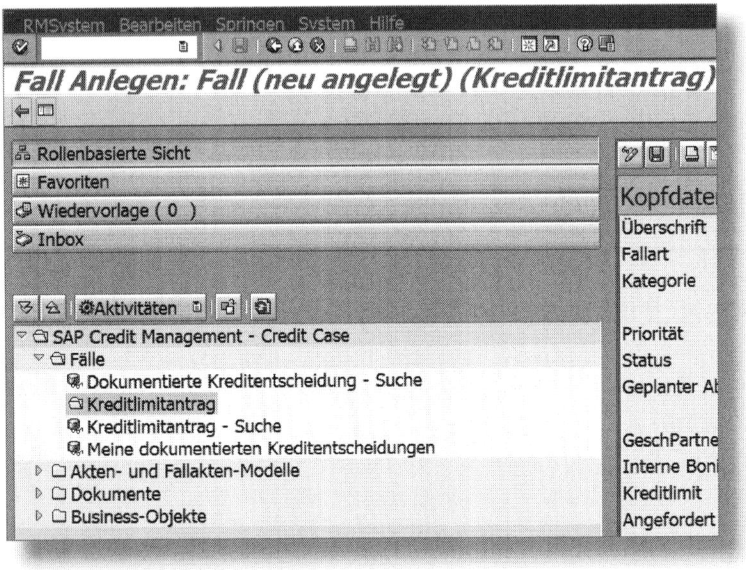

Abbildung 5.11: Neuanlage – Kreditlimitantrag 1

Anschließend werden im rechten Bildbereich (siehe Abbildung 5.12) die Felder ausgefüllt und der neue Kreditlimitantrag gespeichert. Einige Daten, z. B. das aktuelle KREDITLIMIT, werden dabei direkt aus dem Geschäftspartnerstamm übernommen. Das KREDITSEGMENT dagegen muss eingegeben werden.

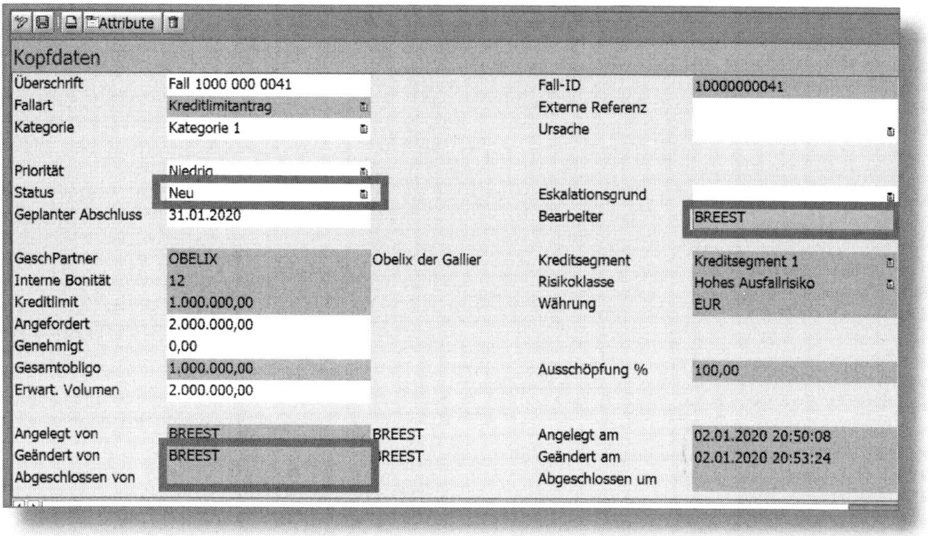

Abbildung 5.12: Kreditlimitantrag neu

Während des Bearbeitungsprozesses wird der Status zuerst auf In Bearbeitung gesetzt. Wenn der aktuelle Bearbeiter fertig ist, trägt er zur Weitergabe an den nächsten Bearbeiter seinen Namen ein. Der neue Bearbeiter oder die Bearbeitergruppe wird über den Eingang des Kreditlimitantrags im Workflow informiert. Die Art der Benachrichtigung kann eingestellt werden. Wenn Sie eine Benachrichtigung per E-Mail wünschen, z. B. in Ihrem Gruppenposteingang, empfehle ich den Weg über SAP Connect. Der letzte Bearbeiter ändert den Kreditlimitantrag im Feld Status dann auf Geschlossen. Das Schließen von Klärungsfällen kann als Massenänderung automatisch erfolgen. Die Anpassung des Kreditlimits im Kreditsegment des Geschäftspartners wird automatisch vorgenommen (siehe Abbildung 5.13).

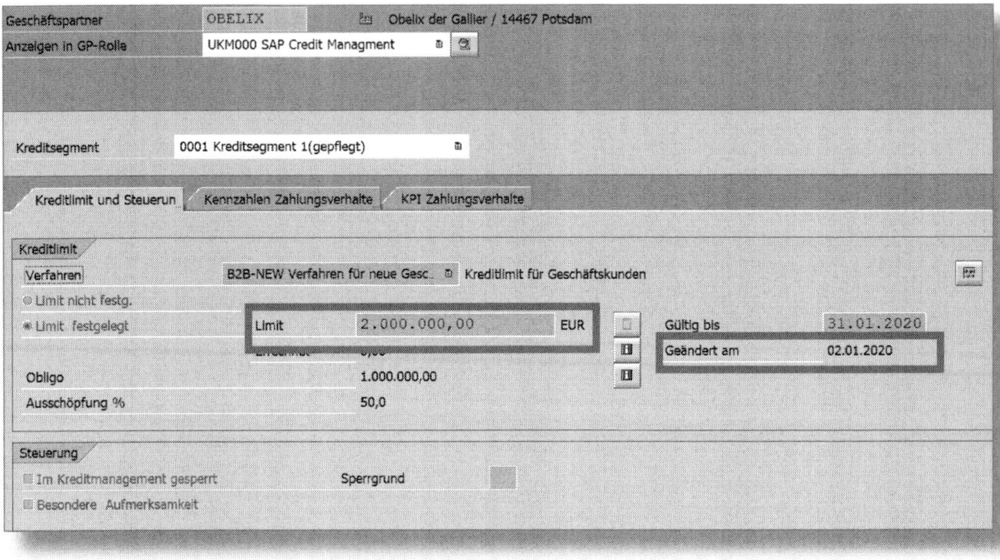

Abbildung 5.13: Kreditlimit neu

Abbildung 5.14 zeigt den abgeschlossenen Fall des Kreditlimitantrags.

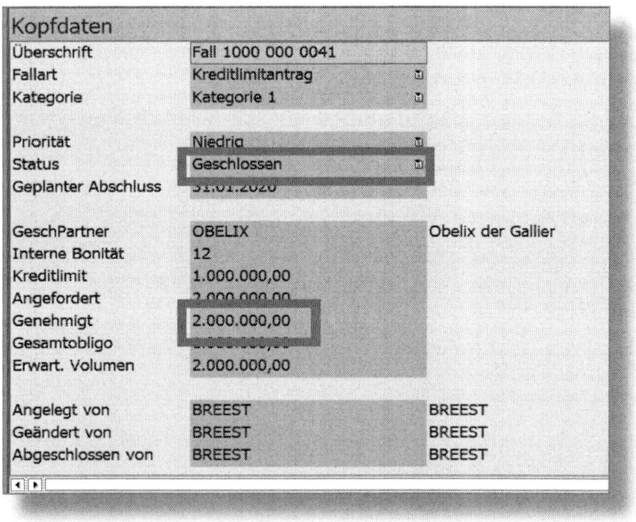

Abbildung 5.14: Kreditlimitantrag Abschluss

Dokumentierte Kreditentscheidung

Im Unterschied zum Kreditlimitantrag wird bei der *dokumentierten Kreditentscheidung* eine negative Kreditentscheidung stets zum Beleg oder zum Geschäftspartner vorgenommen. Negative Kreditentscheidung heißt hier, dass keine Kreditlimitänderung vorgenommen wird. Gemäß den Mindestanforderungen an das *Risikomanagement der Kreditinstitute (MaRisk)* findet in vielen Firmen eine Dokumentation von Kreditentscheidungen statt, die aus gesetzlichen oder betriebswirtschaftlichen Gründen vorgehalten wird. Mit der dokumentierten Kreditentscheidung unterstützt Sie das neue SAP Credit Management in diesem Prozess. Die vorher meist umfangreichen eigenen Unterlagen sind nun alle als ein Fall mit den SAP-Dokumenten verknüpft und revisionssicher vorgehalten. Zusätzlich unterstützt Sie die dokumentierte Kreditentscheidung im Rahmen einer Zertifizierung Ihres Kreditmanagements, z. B. durch den TÜV.

Definition »dokumentierte Kreditentscheidung«

Eine dokumentierte Kreditentscheidung zum Beleg oder zum Konto des Geschäftspartners ist der Prozess, der mit allen relevanten Bestandteilen zu einer negativen Entscheidung führen kann.

Im Anschluss an die dokumentierte Kreditentscheidung kann ein Kreditlimitantrag eröffnet werden. Alternativ müssen der Beleg und damit der Auftrag, die Lieferung, die Bestellung usw. abgesagt oder neu geordnet werden. Viele Kunden starten diesen Vorgang im Financial Supply Chain Management mit SAP Dispute Management, gefolgt von SAP Collections Management und SAP Credit Management. Die Fälle zu allen Prozessen werden im *Case Management* verwaltet. Im Case Management können Sie die Informationen verbinden und integriert bearbeiten, wenn Sie im gleichen SAP-Records-Management (RMS)-System bleiben. Die Arbeit mit ALE-Szenarien und in Multisystemlandschaften wird in diesem Buch nicht vorgestellt.

5.3 Szenarien bei abweichenden Kreditlinien

Mit dem neuen Kreditmanagement haben Sie die Möglichkeit, über mehrere Kreditsegmente verbundene Konten zusammen zu betrachten. Sie erhalten einen Überblick über Prozesse mit abweichenden Kreditlinien und einer automatisierten Bearbeitung. Darüber hinaus wird das Thema der inkonsistenten Kreditdaten inklusive der Betrachtungen zum Zeithorizont und zum Umgang mit neuen Informationen beschrieben.

Im Folgenden sehen Sie zunächst die Übersicht zum Obligo im Hauptkreditsegment (siehe Abbildung 5.15). Das Kreditlimit ist ausgeschöpft, es besteht also Handlungsbedarf.

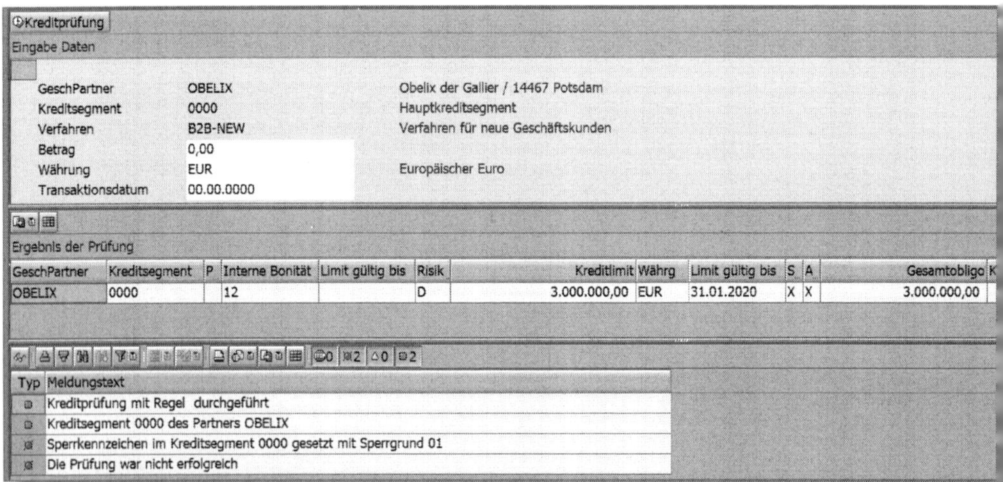

Abbildung 5.15: Hauptkreditsegment

In SAP Credit Management gibt es die Funktion *Hauptkreditsegment*. Hier werden die Kreditlimite (Kreditlinien) aus allen Segmenten (weltweite Kreditlinien) zusammengeführt. Somit verwalten und analysieren Sie in SAP Credit Management all Ihre Kreditinformationen an einem zentralen Ort. Das zentrale Kreditmanagement nutzen Sie für jede Komponente und jede Softwarelösung unabhängig vom Hersteller. Besonders effizient setzen Sie es durch die Erweiterung auf alle Niederlassungen und verbundenen Kundenkonten ein. Das zeigt sich darin, dass Sie die Struktur für diesen Kunden durch Oberkonten und Unterkonten direkt nachbilden. Die Kreditprüfung erfolgt unter Einbeziehung aller gewünschten Konten. Sie treffen ab jetzt eine fundierte Entscheidung auf Basis der weltweiten Kreditübersicht zum Kunden. Das ist besonders für Regionen wie z. B. Lateinamerika interessant, in denen keine validen Bonitätsinformationen beschaffbar sind. Sie sparen sich zudem die kostspielige Beschaffung von Kreditinformationen über Wirtschaftsauskunfteien, z. B. Scoring unter Nutzung von Social Media.

Voraussetzung ist die Erfassung aller relevanten Entitäten als Geschäftspartner in den jeweiligen Rollen – hier für das Kreditmanagement als Regulierer, als Kunde usw.

Zusätzlich empfehle ich Ihnen, auch Ihre Mitarbeiter und Bearbeitergruppen als Geschäftspartner anzulegen. Bitte beachten Sie dabei die richtige Definition der Geschäftspartner als natürliche Person oder als Gruppe. Für die Gestaltung der Beziehungen betrachten wir nachfolgend ein Beispiel:

Sie definieren die Beziehungen im Geschäftspartnerstamm. Dazu verwenden Sie entweder den Transaktionscode *UKM_BP* oder gehen über den Menüpfad SAP EASY ACCESS • SAP MENÜ • RECHNUNGSWESEN • FINANCIAL SUPPLY CHAIN MANAGEMENT • CREDIT MANAGEMENT STAMMDATEN • GESCHÄFTSPARTNERSTAMMDATEN.

Sie rufen aus dem Einstiegsbild zum Geschäftspartner die Verwaltung der BEZIEHUNGEN auf (siehe Abbildung 5.16).

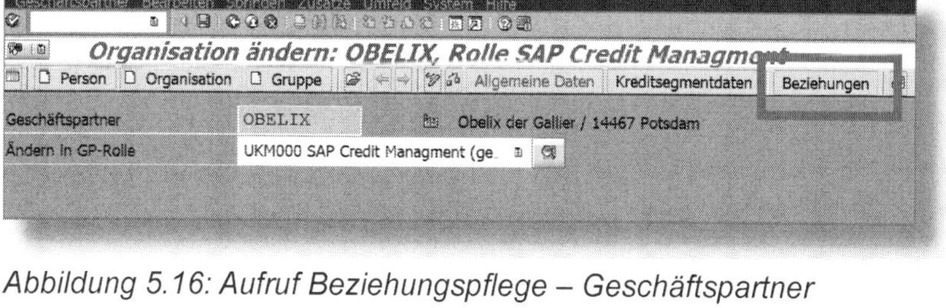

Abbildung 5.16: Aufruf Beziehungspflege – Geschäftspartner

In Abbildung 5.17 sehen Sie die Festlegung des Kreditsachbearbeiters über die Auswahl der Rolle (entspricht dem BEZIEHUNGSTYP) *TUKMSB0 wird im Kreditmanagement betreut durch*. Bitte beachten Sie, dass Sie nach der Meldung unten links BEZIEHUNG WURDE ÜBERNOMMEN **das Speichern nicht vergessen**. Sie haben alternativ die Möglichkeit, die GESCHÄFTSPARTNERBEZIEHUNG direkt über die entsprechende Drucktaste anzulegen und anschließend zu speichern, z. B. mit der Tastenkombination [Strg] + [S].

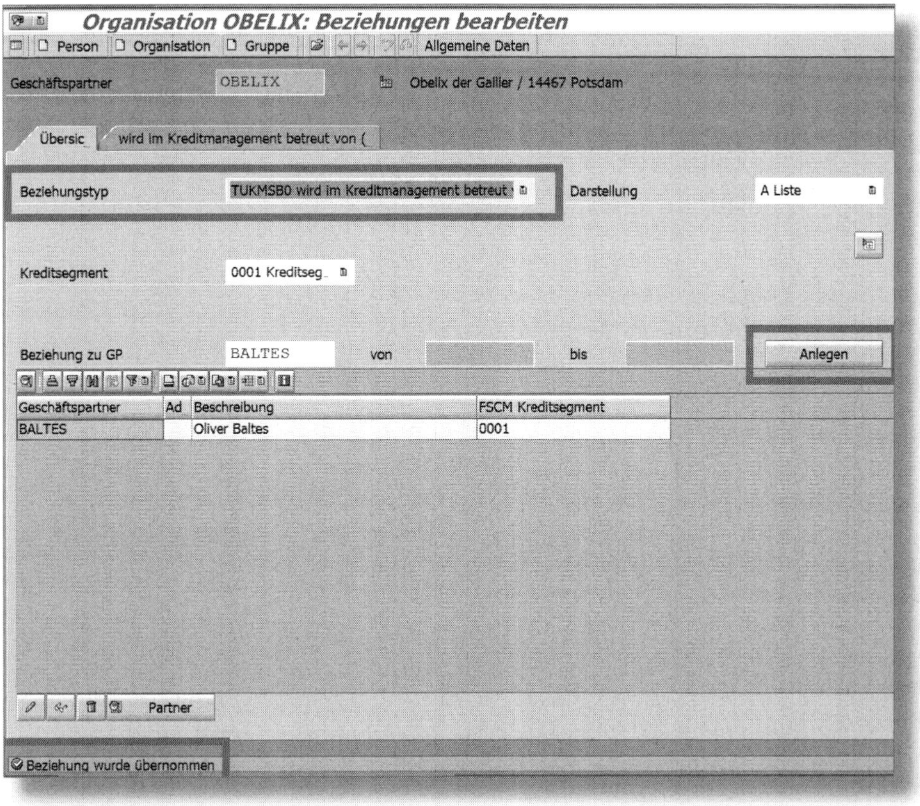

Abbildung 5.17: Beziehungstyp »Kreditsachbearbeiter«

Wenn Sie Gruppen zuordnen möchten, legen Sie die Geschäftspartner vorher als Gruppe an. Die Rolle bzw. der BEZIEHUNGSTYP *wird im Kreditmanagement betreut durch* kann im Standard nur von Personen oder Gruppen, nicht aber von Organisationen wahrgenommen werden. Ich empfehle Ihnen, neue Mitarbeiter im Kreditmanagement gleich beim Onboarding mit dieser Rolle zu versehen und der entsprechenden Gruppe zuzuordnen. Sie können Benutzern in SAP Credit Management zielgerichteten Zugriff auf die Daten geben und Einschränkungen im Benutzerstammsatz auf Parameterebene hinterlegen.

In Abbildung 5.18 sehen Sie ein Beispiel für die Zuordnung von Kontobeziehungen bei verbundenen Unternehmen, für Niederlassungen, die Zentrale usw. Ihnen stehen im Standard sehr viele weitere Zuordnungsrollen zur Verfügung. In der Geschäftspartnereinrichtung können Sie frei nach Ihren Anforderungen weitere Rollen und Beziehungen definieren.

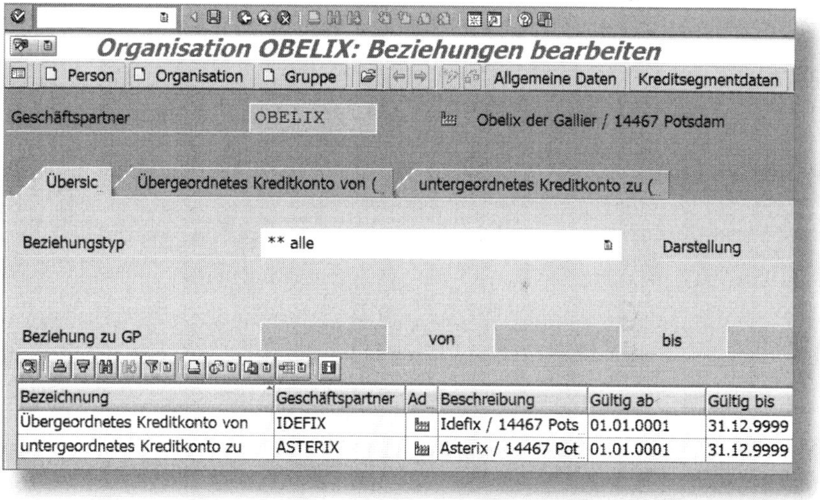

Abbildung 5.18: Kontobeziehungen im Kreditsegment

Wir haben einen Kreditcheck für das Konto des Geschäftspartners Obelix durchgeführt. Sie können auf den Kreditcheck jederzeit testweise aus dem Stammsatz des Geschäftspartners zugreifen, indem Sie in den Kreditsegmentdaten auf der Registerkarte KREDITLIMIT UND STEUERUNG die Drucktaste SIMULATION KREDITCHECK wählen. Im normalen Bearbeitungsprozess wird die Kreditprüfung automatisch vorgenommen.

In Abbildung 5.19 sehen Sie das Ergebnis der Simulation zum Kreditcheck. Nicht relevante Meldungen zum Zahlungsverhalten und zur Postenfälligkeit sind ausgeblendet. Die Beziehungskonten weisen noch keine Buchungen und kein Obligo auf. Interessant sind die Zeilen mit den Meldungen, dass auch untergeordnete (Konto Asterix) und übergeordnete (Konto Idefix) Konten in den Kreditcheck (zum Konto des Geschäftspartners Obelix) einbezogen wurden.

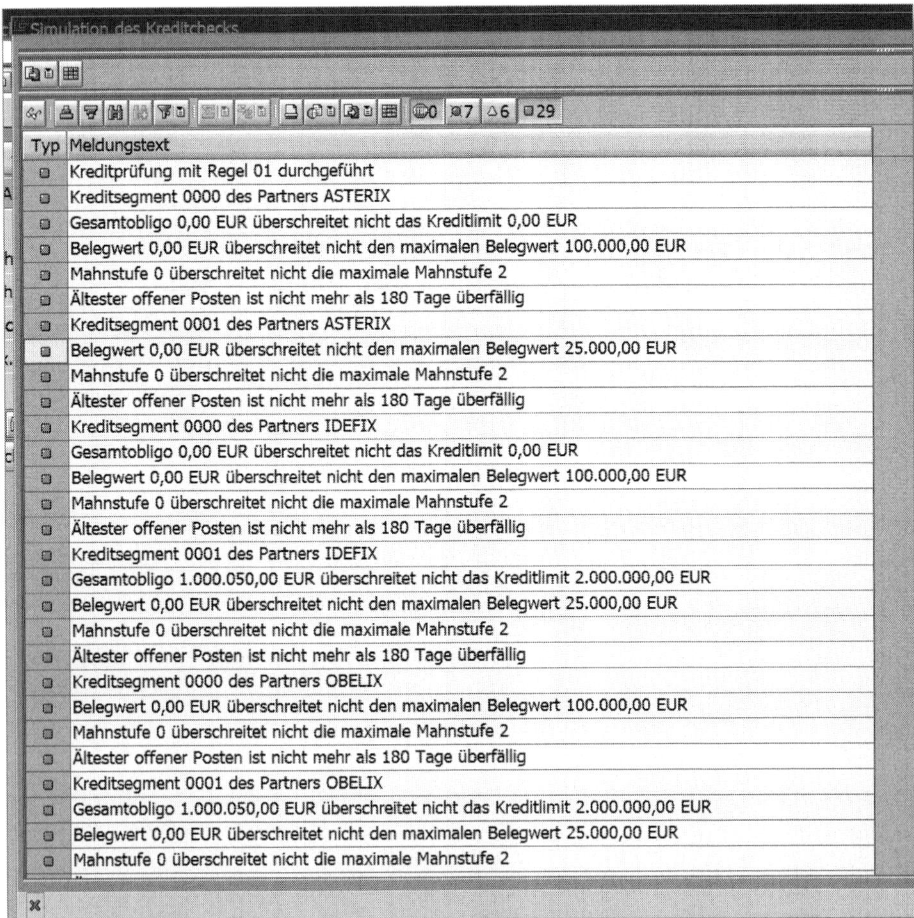

Abbildung 5.19: Kreditcheck bei Kontobeziehungen

Der Kreditcheck wird immer im ausgewählten Kreditsegment und zusätzlich im Hauptkreditsegment ausgeführt. Voraussetzung ist, dass Sie die sehr empfehlenswerte Funktion »Hauptkreditsegment« nutzen. Die vollen Vorzüge dieser Funktion entfalten sich im Berichtswesen für SAP Credit Management. Aha-Erlebnisse sind vorprogrammiert, denn Sie können die Kreditwürdigkeit nach Regionen, Niederlassungen, Segmenten und Bearbeitern bei Ihren Kunden überprüfen.

Abweichende Kreditlinien und inkonsistente Daten treten in Firmen häufig auf. Die Ursachen sind vielfältig. Ein wesentlicher Grund sind verteilte Systeme und Multisoftwarelandschaften. Während in einem System alle Daten in Echtzeit fortgeschrieben werden, treten bei Multisystemlandschaften zeitliche und örtliche Unterschiede mit asynchroner Fortschreibung auf. Allerdings werden die Abweichungen nach einem kurzen Intervall ausgeglichen. Ihrer Aufmerksamkeit bedürfen aber die sachlichen Gründe für abweichende Kreditlinien. Um das Obligo aufzubauen, zu prüfen und anderen Anwendungen zur Verfügung zu stellen, stehen Ihnen Massentransaktionen zur Verfügung. Für die Kreditlimite in den Kreditsegmenten greifen Sie auf Stammdatenberichte zu, deren Daten Ihren betreffenden Anwendungen bereitgestellt werden. Die aufwendigste Aktion dabei ist die Ordnung der Abläufe zur Kreditlimitbearbeitung. Hier müssen Sie über die Schnittstellen zu Ihrem Nicht-SAP-System und SAP NetWeaver PI die Kommunikation einrichten und den Workflow systemübergreifend mit Rückmeldung und Protokollierung der Nachrichten gestalten.

Die SAP stellt im Standard auch eine Möglichkeit zum Import externer Bonitätsdaten zur Verfügung. Das Kreditlimit kann sofort angepasst und weiterbearbeitet werden. Bei der aktuellen Auslieferung von SAP Credit Management können Sie CRM-Systeme einbinden und auf verteilten Systemen ein zentrales Kreditmanagement betreiben. Diese Vorzüge zeigen sich in konsistenten Daten.

Das Berichtswesen für systemübergreifendes Kreditmanagement wird vorzugsweise in *SAP Business Intelligence* angesiedelt. In Kapitel 6 finden Sie Informationen zu dessen Integration.

6 Auswertungen im Kreditmanagementsystem

In diesem Kapitel erhalten Sie wesentliche Informationen zu Kreditrisiken: wie Sie Kreditrisikoinformationen anzeigen, auswerten und analysieren, wie Sie auf Listanzeigen zugreifen und wofür Sie SAP Business Intelligence (SAP BI) oder SAP Business Information Warehouse (SAP BW) nutzen. Zusätzlich lernen Sie, wie Sie Analysen im Standard durchführen und weniger auf externe Anbieter angewiesen sind. Gegen Ende des Kapitals erfahren Sie, dass es für Kreditmanager sogar ein eigenes Cockpit gibt.

6.1 Kreditinformationen

Kreditinformationen finden Sie an vielen Stellen der Komponenten FI-AR, SD, FIN-FSCM und BI. Nachfolgend stelle ich Möglichkeiten vor, Informationen aus den bestehenden Anwendungen oder Interaktionen zu erhalten. Auf dem Bild SAP Easy Access finden sich unter Logistik • Vertrieb die Menüstruktur für das komplette Kreditmanagement. Hier stehen alle Informationen aus SAP Credit Management auch für den Vertrieb zur Verfügung und können mit den gleichen Funktionen bedient werden.

Transaktion F.35 entfällt

Die bisherigen Funktionen zum Kreditmanagement in der Transaktion F.35 werden durch SAP Credit Management ersetzt und sind dort nicht mehr ausführbar. Lesen Sie hierzu auch den SAP-Hinweis 1946054.

In diesem Abschnitt erhalten Sie einen Überblick darüber, welche Informationen im SAP-Geschäftspartner für das Kreditmanagement zu finden sind. Die Informationen können einerseits intern aus einem SAP-System aufgrund automatischer Verfahren wie Zahlen, Kontoauszug verbuchen, Mahnen, Verzinsen, Klären oder Bewerten entstehen und andererseits aus externen Quellen wie z. B. Wirtschaftsdienstleistern und Registern stammen. Wir betrachten vorzugsweise interne Quellen.

Während im Geschäftspartner die Rückschreibung der Buchhaltungsinformationen erfolgt (die Ihnen somit weiterhin zur Verfügung stehen) können in der Komponente SD (Vertrieb) die Informationen zur Logistik zurückgeschrieben werden. Das hat Auswirkungen auf die Belieferung des Kunden. Das wichtigste Feld im Kundenauftrag ist die Liefersperre auf Kopf- und Positionsebene. Wenn die Aktivität Beliefern ausgeführt werden soll, wird zuvor eine Prüfung vorgenommen und das Ergebnis in einem Protokoll angezeigt. Für das Beispiel in Abbildung 6.1 ist die Vorauszahlung, die zur Sicherheit vereinbart wurde, noch nicht eingegangen.

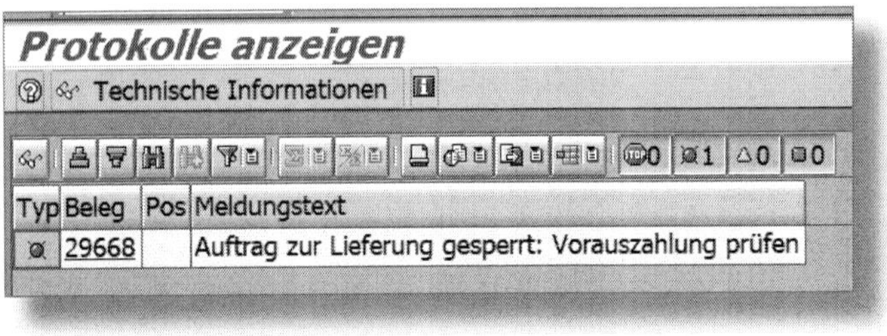

Abbildung 6.1: Protokoll anzeigen – Liefersperre

Auf die neuen Kreditinformationen im Kreditsegment und zu den Kreditfällen wurde bereits in den Kapiteln 3 und 5 eingegangen.

6.2 Auswertungen

In diesem Abschnitt zeige ich Ihnen, mit welchen Listen und Berichten Sie im SAP-Standard von SAP Credit Management arbeiten können. Es gibt folgende Listen für Auswertungen, die über die in den Transaktionen angebotenen Daten hinausgehen:

- *UKM_MASS_DISP1* (Kreditprofil)
- *UKM_MASS_DISP2* (Kreditsegment)
- *UKM_MALUS_DSP* (Kreditlimitausschöpfung)
- *UKM_VECTORS* (Kennzahlen zum Zahlungsverhalten)
- *UKM_COMMITMENTS* (Obligo)
- *UKM_BP_DISPLAY* (Stammdatenliste)
- *UKM_MASS_RECON* (Abstimmung des Obligos)
- *UKM_LOGS_DISPLAY* (Protokolle in SAP Credit Management)
- *UKM_MASS_SHOW* (Extrakte anzeigen)

Für eigene Anpassungen in Schnittstellen und BAdIs sehen Sie in Tabelle 6.1 die Listnamen bzw. Transaktionscodes mit den zugehörigen Programmnamen.

Listname/Transaktionscode	Programmname
UKM_MASS_DISP1	UKM_MASSDATA_DISPLAY
UKM_MASS_DISP2	UKM_MASSDATA_DISPLAY
UKM_MALUS_DSP	UKM_MALUS_DISPLAY
UKM_VECTORS	UKM_VECTOR_DELETE
UKM_COMMITMENTS	UKM_COMMS_DELETE
UKM_BP_DISPLAY	UKM_BP_DISPLAY
UKM_MASS_RECON	UKM_MASSDATA_RECONCILE
UKM_LOGS_DISPLAY	UKM_LOGS_DISPLAY
UKM_MASS_SHOW	UKM_MASSDATA_EXTRACT_READ

Tabelle 6.1: Listen und Programme

Sie finden in den Komponenten FI und SD weitere Standardauswertungen, die Ihr Informationsbedürfnis mit allgemeinen Daten ergänzen.

6.3 Analysen

Als Analysewerkzeug für die komplette Lösung SAP Financial Supply Chain Management inklusive SAP Credit Management sieht der Standard den Einsatz von *SAP NetWeaver BI* vor. Für Cloudkunden gibt es *SAP Analytics Cloud*. Hier werden ein Standard- und ein Expertenmodus angeboten. Für den Standardmodus übernimmt SAP die Implementierung, Wartung und Sicherung für Sie. Im Expertenmodus haben Sie die Möglichkeit, diese Lösung anzupassen. Sollten Sie die Cloud (noch) nicht nutzen, erfahren Sie hier, welche Analysemöglichkeiten SAP BI bietet. Vorab gebe ich Ihnen die Erläuterung der Begriffe *Extraktor* und *DataSource* aus dem Glossar der SAP.

»Ein Extraktor ist ein Programm, das die Extraktstruktur einer DataSource mit Daten aus Datenbeständen des SAP-Quellsystems füllt.«

»Eine DataSource ist ein Objekt, das dem BI die Daten zu einer betriebswirtschaftlichen Einheit zur Verfügung stellt.«

DataSources umfassen eine Menge logisch zusammengehöriger Felder, die in einer flachen Struktur zur Datenübertragung in SAP BI angeboten werden.

Zur Übersicht stelle ich Ihnen hier kurz die Analyseszenarien für SAP BI vor:

- Kreditprofil
- Kreditrisiko
- Neubewertungs- und Simulationsanalyse
- Geschäftspartnerbewertung

Kreditprofil

Für die Analyse des Kreditprofils gibt es im Standard von SAP BI die in Tabelle 6.2 aufgeführten DataSources.

DataSource	Bezeichnung
0FSCM_CM_1	Kopfdaten Stammdatenextrakt
0FSCM_CM_2	Positionsdaten Stammdatenextrakt
0FSCM_CM_3	Kopf- und Positionsdaten Stammdaten-extrakt
0CDM_RULS_ATTR	Attribute für die Verfahren zur Bonitäts- und Limitbestimmung
0CDM_RULE_AT	Bonitäts- und Limitbestimmung
0CDM_FORM_ATTR	Formeln für das Credit Management
0CDM_RULE_TEXT	Texte der Verfahren zur Bonitäts- und Limit-bestimmung
0CDM_FORM_TEXT	Texte, Formeln
0CDM_FREL_TEXT	Texte, Formelrelevanz
0CDM_RICL_TEXT	Texte, Risikoklasse

Tabelle 6.2: DataSources »Kreditprofil«

Tabelle 6.3 zeigt Ihnen, welche Queries für Auswertungen zu Kreditprofilen im SAP-Standard angeboten werden.

Query	Bezeichnung
0CDM_DS01_Q0001	Kreditlimit, Tageshistorie (Kreditsegment)
0CDM_DS01_Q0002	Risikoklasse, Tageshistorie (Bonität)
0CDM_DS02_Q0001	Kreditlimit, Monatshistorie (Kreditsegment)
0CDM_DS02_Q0002	Risikoklasse, Monatshistorie (interne Bonität)
0CDM_DS03_Q0001	Risikoklasse, Profilanalyse (Geschäfts-partner)
0CDM_C0_Q0001	Kreditlimit, Profilanalyse (Verteilung des Kreditlimits auf die Kreditsegmente)
0CDM_C0_Q0002	Gesamtliste für Profilanalyse

Tabelle 6.3: Queries zum Kreditprofil

Über das nachfolgend beschriebene Kreditrisiko finden Sie weitere Auswertungen zum Kreditprofil.

Kreditrisiko

Für das Kreditrisiko ist neben den Informationen aus anderen Komponenten der Status der Ausschöpfung des Kreditlimits zu betrachten. Der Geschäftspartner kann in mehreren Kreditsegmenten angelegt sein. Wichtig ist daher die Sicht auf die Ausschöpfung je Kreditsegment sowie im Hauptkreditsegment. Für die Analyse werden zwei Kennzahlen zur Verfügung gestellt: das Obligo 0CDM_OVAL und das abgesicherte Obligo 0CDM_OVAS. Darauf basierend werden im Standard die in Tabelle 6.4 gezeigten Queries ausgeliefert.

Query	Bezeichnung
0CDM_C2_Q0001	Obligo, strukturiert
0CDM_MC0_Q0001	Frühwarnliste zu Geschäftspartnern und Obligo
0CDM_MC0_Q0002	Kreditlimitauslastung nach Ländern
0CDM_MC0_Q0003	Kreditlimitauslastung mit Risikoklassen
0CDM_MC0_Q0004	Kreditlimitauslastung mit Obligo und Kreditlimit
0CDM_I0_Q0001	Geschäftspartner mit Bonität und Berechnungsdaten
0FIAR_O10_Q1001	Zahlungsverhalten mit Historie

Tabelle 6.4: Queries »Kreditprofil«

Neben den Queries stehen für die Analyse in SAP BI die DataSources aus Tabelle 6.5 zur Verfügung.

DataSource	Bezeichnung
0FSCM_CM_4	Obligodaten
0FSCM_CM_6	Kennzahlen Zahlungsverhalten
0CDM_BREA_TXT	Texte Sperrgründe
0CDM_CSEG_ATTR	Kreditsegment, Attribute
0CDM_CUSTGRP_TEXT	Texte Kundenkreditgruppe
0CDM_OTYP_TEXT	Texte Obligotypen

Tabelle 6.5: DataSources »Kreditrisiko«

Neubewertungs- und Simulationsanalyse

Die Neubewertungs- und Simulationsanalyse ermittelt die Änderungsrelevanz für Bonität und Kreditlimit. Zur Neubewertung werden die Ergebnisse der Massenläufe analysiert, deren Resultate wiederum als Extrakte gespeichert wurden. Auf diese Extrakte wird zurückgegriffen, um die darin enthaltenen Daten zu analysieren. Es sind verschiedene Szenarien zur Neubewertung möglich. So lassen sich die Auswirkungen von Kreditlimits auf die Geschäftspartner oder deren Gruppierung bis hin zum gesamten Geschäftspartnerbestand beurteilen. Genau diese Funktionen helfen, Forderungsbestände effektiv zu managen. Hierfür stehen Ihnen die Queries aus Tabelle 6.6 zur Verfügung.

Technischer Name	Bezeichnung
0CDM_EXTR_Q0001	Übersicht Sammelverarbeitungsläufe
0CDM_DS00_Q0001	Neubewertungs- und Simulationsanalyse
0CDM_C1_Q0001	Neubewertungs- und Simulationsanalyse, Betrachtung der Risikoklasse

Tabelle 6.6: Queries »Neubewertung«

Die Query 0CDM_EXTR_Q0001 liefert eine Übersicht der Extrakte der Massenläufe. Sie bietet den Einstieg in die Navigation zu weiteren Queries der Neubewertung und Simulation von Kreditprofilen der Geschäftspartner.

In der Query 0CDM_DS_Q0001 finden Sie die Übersicht über die Änderungen der Kreditprofile aus den Massenläufen.

Mittels Query 0CDM_C1_Q0001 rufen Sie die Ergebnisse der Massenläufe zur Risikobewertung und Simulation hinsichtlich der Risikoklasse auf.

Zur Risikobewertung und Simulation werden die Kennzahlen aus Tabelle 6.7 verwendet.

Kennzahl	Beschreibung
0CDM_LIMA	Neues Kreditlimit
0CDM_LIMB	Bisheriges Kreditlimit
0CDM_LIMC	Berechnetes Kreditlimit

Tabelle 6.7: Kennzahlen der Queries

Die Datenquellen für diese Queries finden Sie in Tabelle 6.8.

DataSource	Bezeichnung
0FSCM_CM_0	Massendatenextrakt, Bewegungsdaten
0CDM_RULS_ATTR	Attribute für Verfahren zur Bonitäts- und Limitbestimmung
0CDM_RULE_ATTR	Attribute, Regeln
0CDM_FORM_ATTR	Attribute der Formeln
0CDM_EXTR_ATTR	Attribute der ABAP-List-Viewer-Extrakte
0CDM_RULE_T	Verfahren zur Bonitätsbestimmung, Limitermittlung
0CDM_EXTR_TEXT	Texte für ABAP-List-Viewer-Extrakte
0CDM_SIMU_TEXT	Simulationstext
0CDM_TRAN_TEXT	Texte für erzeugende Transaktion
0CDM_FORM_TEXT	Formeltexte
0CDM_FREI_TEXT	Freier Text für Formelrelevanz
0CDM_RICL_TEXT	Texte für Risikoklasse

Tabelle 6.8: DataSources für Queries

Geschäftspartnerbewertung

Die Geschäftspartnerbewertung ist besonders. Sie nutzt die in SAP BI aufbereiteten Daten nach der Rücklieferung in das SAP-Credit-Management-System. Das Szenario der Geschäftspartnerbewertung basiert auf dem Analyseprozess *Interne Bonität*, der eine Standardauslieferung des Szenarios »Ermittlung der internen Bonität« nutzt und vielfältig nach eigenen Anforderungen gestaltet werden kann. Die Ermittlung der internen Bonität steht auch in SAP Credit Management zur Verfügung, ist dort jedoch nicht mit Fremdanreicherungen systemübergreifend oder in Multisystemlandschaften möglich. Die dynamische (fortlaufende) Bonitätsermittlung für Geschäftspartner speichert die Daten nach der Anreicherung und Aufbereitung im Geschäftspartnerstammsatz.

Die weitere Bearbeitung übernimmt der SAP-BI-Berater.

6.4 SAP Credit Management Cockpit

SAP bietet eine Portallösung für SAP Credit Management an, die bei passender Einrichtung Daten aus SAP- und Nicht-SAP-Systemen verarbeiten kann. Als offene Lösung basiert das Credit-Management-Portal auf Java und XML und eignet sich auch für sehr komplexe SAP-Installationen. Dadurch wird der Zugriff auf die zwei grundlegenden Funktionen *Kundenanalyse* und *strategische Analyse* vereinfacht. Benutzer nutzen *Single Sign-On*, statt sich in verschiedenen Systemen anzumelden. Alle für das Kreditmanagement relevanten Informationen werden auf einer Website zur Verfügung gestellt. Als Grundlagen dienen iView und SAP GUI for HTML, die technische Basis bildet SAP NetWeaver PI, wie auch bei der Realisierung des SAP Bank Communication Management.

Das *SAP Credit Management Cockpit* ist eine portalbasierte Anwendung analog zu den SAP-BW/BI-Portalanwendungen. Es ermöglicht beispielsweise, Recherchen durchzuführen oder Bonitätsdaten in das Kundenmanagement zu integrieren. Auch eigene Anwendungen können hier programmiert und zur Verfügung gestellt werden. SAP BW/BI dient dabei zur Unterstützung von Nicht-SAP-Software, z. B. Lösungen der Bonitätsanbieter. In SAP BW/BI werden Aktionen ausgeführt, z. B. die Berechnung von Scores im Fall einer Multisystemlandschaft. Das entspricht der typischen Nutzung von SAP BI/BW, damit in SAP Credit Management alle Daten zusammengeführt werden können.

Interessant ist das SAP Credit Management Cockpit auch für Kunden, die CRM-Systeme betreiben. Hier arbeiten die Kundenberater oft mit WebGUI in ihrer eigenen Umgebung. Sowohl SAP Dispute Management als auch SAP Collections Management und SAP Credit Management können mit SAP CRM und SAP BI zusammen betrieben werden. Die Kundenberater erhalten eine Erweiterung ihrer Aufgaben im Kreditmanagement und damit neue Berechtigungen in SAP Credit Management.

Da wir uns in diesem Buch am SAP-Standard orientieren, betrachten wir das SAP Credit Management Cockpit nicht weiter. Mit diesem kurzen Einblick möchte ich Ihnen lediglich die Einsatzmöglichkeiten aufzeigen. Die Beschreibung der Einrichtung und der diversen Anwendungsoptionen von SAP Credit Management Cockpit würde ein eigenes Buch füllen. Die Basis bilden SAP NetWeaver PI und das Szenario mit verteilten Systemen. Durch die Nutzung der SAP-Cloudlösung für S/4 HANA entfallen umfangreiche Anpassungen. SAP bietet eine Standardimplementierung der Cloudlösung als Template an, während für eigene Anforderungen eine Expertenimplementierung zur Verfügung steht.

7 Customizing

In diesem letzten Kapitel erwartet Sie das komplette Standard-Customizing zur Nutzung von SAP Credit Management – von A bis Z. Sie können das Kapitel unmittelbar als Konzeptvorlage nutzen. Sie starten mit der Aktivierung der Business Functions, richten das Records und Case Management ein, erweitern den Geschäftspartner für das Kreditmanagement und integrieren das neue Kreditmanagement in den Vertrieb und die Buchhaltung. So haben Sie schnell Ihr funktionsfertiges System, das Sie später kreativ ausbauen können.

7.1 Vorbereitendes Customizing

Dieses Kapitel startet mit den notwendigen Voraussetzungen für die Inbetriebnahme von SAP Financial Supply Chain Management – Credit Management (SAP FIN-FSCM-CR). Ich gehe davon aus, dass Sie die Komponenten FI-AR oder FI-CA mit SD bereits betreiben. Starten Sie mit dem Transaktionscode *SFW5* oder über den Customizing-Pfad SPRO • SAP CUSTOMIZING EINFÜHRUNGSLEITFADEN • BUSINESS FUNCTIONS AKTIVIEREN. In dem sich öffnenden Pop-up klicken Sie auf WEITER.

Abbildung 7.1 zeigt, welche Komponenten aktiv geschaltet sein müssen, bevor Sie diese in SAP Credit Management voll nutzen können. Die Komponenten SAP Dispute Management, SAP Collections Management und SAP Credit Management sind eng miteinander verbunden. Folgende Business Functions müssen eingeschaltet sein:

- FIN_FSCM_CCD
- FIN_FSCM_CCD_2
- FIN_FSCM_CCD_3
- FIN_FSCM_CCD_INTEGRATION

- FIN_FSCM_CCD_INTEGRATION_3
- FIN_FSCM_INTEGRATION

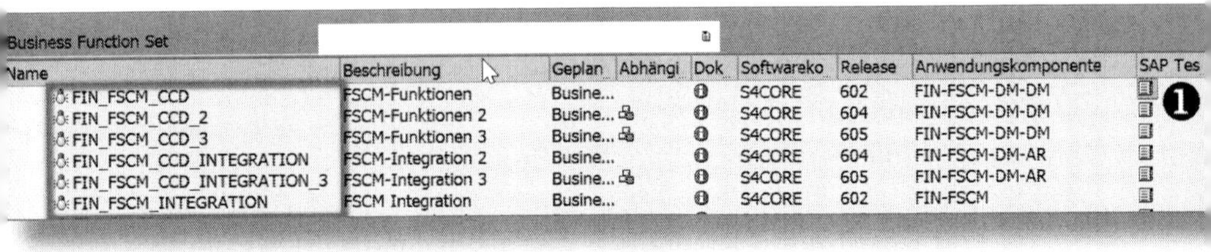

Abbildung 7.1: Einschalten SAP-Funktionen

Sie sehen hier die Übersicht der Business Functions und die zusätzliche Information, ob SAP SE Ihnen dazu einen SAP Testfallkatalog ❶ zur Verfügung stellt. So ein Testfallkatalog erleichtert Ihnen nicht nur das Testen, sondern stellt Ihnen auch mögliche Beispiele für die Aufgabenplanung im Projekt bereit.

Für die Integration von SAP Credit Management mit den Komponenten FI-AR bzw. SD erfolgt die Aktivierung bzw. Prüfung auf Aktivierung der entsprechenden Komponenten im SAP-Customizing unter folgenden Pfaden:

- Zu FI-AR: SPRO • SAP CUSTOMIZING EINFÜHRUNGSLEITFADEN • FINANCIAL SUPPLY CHAIN MANAGEMENT • CREDIT MANAGEMENT • INTEGRATION MIT DER DEBITORENBUCHHALTUNG UND DEM VERTRIEB • INTEGRATION MIT DER DEBITORENBUCHHALTUNG • SAP CREDIT MANAGEMENT DEAKTIVIEREN
- Zu SD: SPRO • SAP CUSTOMIZING EINFÜHRUNGSLEITFADEN • FINANCIAL SUPPLY CHAIN MANAGEMENT • CREDIT MANAGEMENT • INTEGRATION MIT DER DEBITORENBUCHHALTUNG UND DEM VERTRIEB • INTEGRATION MIT DEM VERTRIEB • SAP CREDIT MANAGEMENT DEAKTIVIEREN

Beide Menüpfade führen zu demselben Bild (siehe Abbildung 7.2), das hier die aktive Variante zeigt (Kennzeichen ist nicht gesetzt).

Dies ist Voraussetzung, um in einem produktiven SAP-System Folgearbeiten für die Integration durchzuführen. In den folgenden drei Arbeitsschritten bauen Sie zunächst das Obligo neu auf.

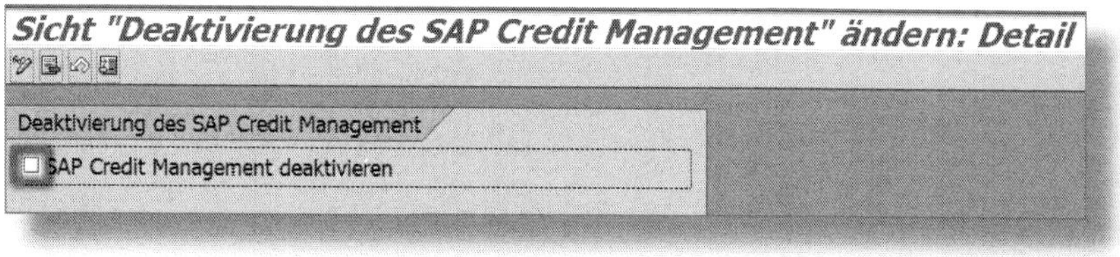

Abbildung 7.2: SAP Credit Management ist aktiv

Schritt 1: Löschung unnötiger Obligos

Zuerst wird das Programm UKM_COMMITMENTS ausgeführt. Sie rufen es über den gleichnamigen Transaktionscode *UKM_COMMITMENTS* auf. Ziel ist die Löschung der nicht mehr benötigten Obligos für Einzelposten (siehe Tabelle UKM_ITEM) zu allen Geschäftspartnern, Kreditsegmenten und Obligotypen (siehe Abbildung 7.3). Mit dem Programm ist es auch möglich, Summensätze (siehe Tabelle UKM_TOTALS) zu löschen. Das Bild enthält mögliche Eingabevorschläge. Die Intervalle sind aus dem verfügbaren Vorrat frei wählbar. Sie können das Programm auch nur zum Anzeigen verwenden.

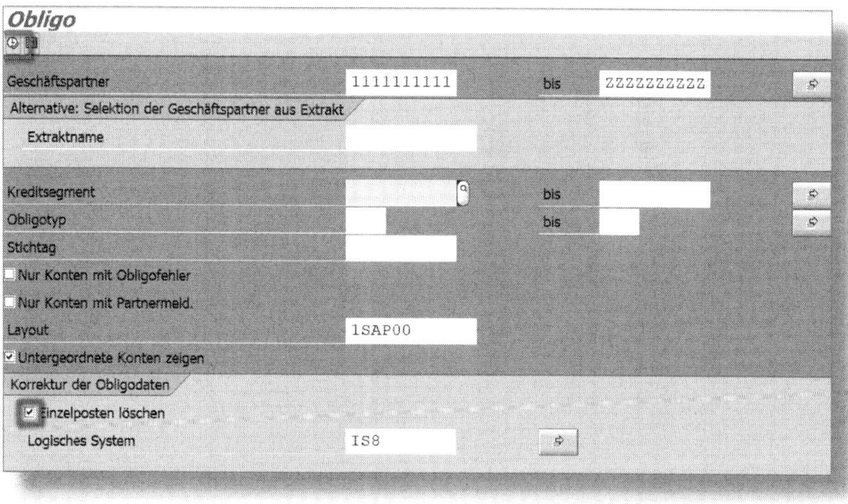

Abbildung 7.3: Obligo

Schritt 2: Neuaufbau des Obligos

Anschließend bauen Sie in einem zweiten Schritt das Obligo in der Komponente SD neu auf.

Nachfolgend wird der Report UKM_RVKRED88 ausgeführt und die geeignete Selektion für den Report UKM_RVKRED77 ermittelt. Nach Abschluss wird ein Protokoll ausgegeben, das Sie zunächst auswerten sollten, um im Fehlerfall den Lauf für einzelne Belege zu wiederholen.

Schritt 3: Obligo in Mehrsystemlandschaften

Falls Sie in einer Mehrsystemlandschaft arbeiten, müssen Sie in einem zusätzlichen Schritt auch das Obligo für die FI-Einzelposten neu aufbauen. Der Transaktionscode hierfür lautet *UKM_TRANSFER_ITEMS*. Bei nur einem SAP-System ist dieser Schritt nicht erforderlich.

Transaktionscode SFW5 für neue Services

SAP FSCM kann durch die Aktivierung weiterer nützlicher Funktionen erweitert werden. Dazu wird mit dem Transaktionscode *SFW5* (Switch Framework Customizing) die Implementierungsliste aufgerufen und beispielsweise nach Webservices für Kreditlimitanträge, Enterprise Services oder Länderanpassungen gesucht.

7.2 Kreditrisikoüberwachung

7.2.1 Stammdaten

Kreditsegmente

Das Kreditsegment wurde mit der Einführung des neuen SAP Credit Management aufgewertet und löst in seiner Bedeutung den Kreditkontrollbereich ab.

Definition »Kreditsegment«

Ein Kreditsegment ist eine Gruppierung im Unternehmen für die Kreditvergabe und Kreditlimitkontrolle. Das Kreditsegment ist die buchhalterische Einheit zum Geschäftspartner analog zum Buchungskreis für die Personenkonten in der Finanzbuchhaltung. Ein Geschäftspartner kann Daten in mehreren Kreditsegmenten besitzen. Als Basis für die Segmentierung dienen Produkte, Vertragsarten, Geschäftsbereiche oder weitere Zuordnungen. Mögliche Beispiele sind die folgenden Sparten oder Geschäftsfelder:

- Telekommunikation: Festnetz, Mobilfunk
- Versorger: Strom, Gas, Erdgas, Wasser, Dampf

Die Einrichtung der Kreditsegmente nehmen Sie im Customizing über folgenden Pfad vor:

SPRO • SAP CUSTOMIZING EINFÜHRUNGSLEITFADEN • FINANCIAL SUPPLY CHAIN MANAGEMENT • CREDIT MANAGEMENT • KREDITRISIKOÜBERWACHUNG • STAMMDATEN • KREDITSEGMENTE ANLEGEN

Es kann genau ein Hauptsegment angelegt werden. Daher sollte dies zur Konsolidierung auf der obersten Ebene erfolgen. Damit erhalten Sie eine Gesamtschau über die Firmensituation. Die weiteren Kreditsegmente können frei angelegt und bezeichnet werden. Abbildung 7.4 zeigt eine optionale Segmentübersicht und Abbildung 7.5 das Hauptkreditsegment.

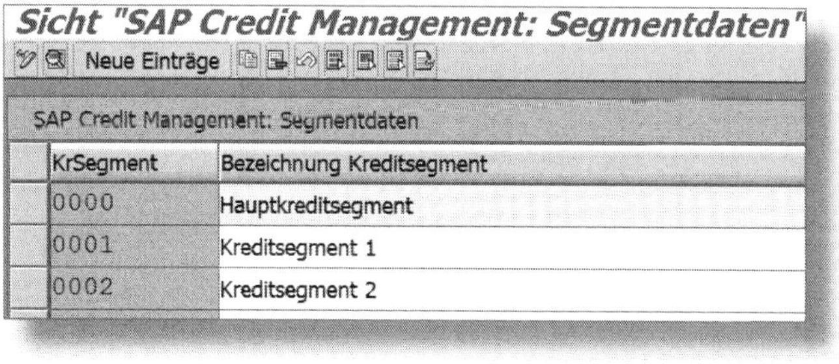

Abbildung 7.4: Erstellung »Kreditsegmente«

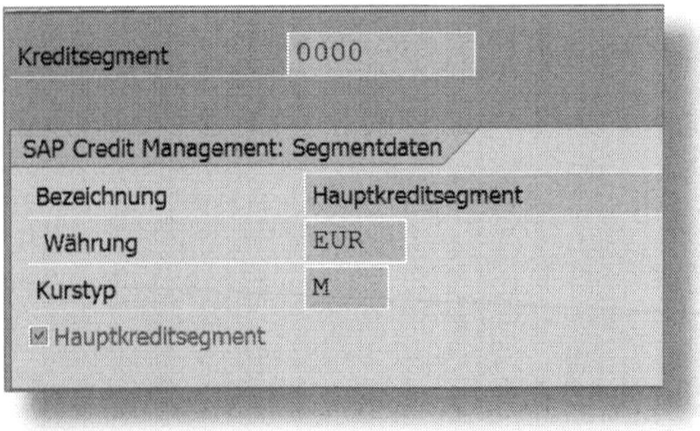

Abbildung 7.5: Hauptkreditsegment

Bewertungsverfahren

> **Definition »Bewertungsverfahren«**
>
> *Bewertungsverfahren* werden für die Verarbeitung von Geschäftspartnerinformationen externer Dienstleister, z. B. Wirtschaftsdienste, Kreditversicherer eingesetzt.
>
> Sie dienen dem Abgleich externer und interner Informationen hinsichtlich des Kreditrisikos. Zusätzlich wird eine Bewertung mit Rangfolge gebildet.

Für die Hinterlegung der Kreditdaten zum Geschäftspartner benötigt SAP Bewertungsverfahren (siehe Abbildung 7.6). Zu den Bewertungsverfahren gelangen Sie über folgenden Pfad:

SPRO • SAP Customizing Einführungsleitfaden • Financial Sup ply Chain Management • Credit Management • Kreditrisikoüberwachung •Stammdaten • Bewertungsverfahren hinterlegen

Bewertungsverfahren

Bew.Verf.	Bezeichnung (sprachunabh.)	Beschr. Bewertungsverfahren
0CREDS	creditsafe	creditsafe - Bonitätsbericht
0EXT1	Externes Rating 1	Kundenbewertungen geliefert von Auskunftei 1
0EXT2	Externes Rating 2	Kundenbewertungen geliefert von Auskunftei 2
0INT1	Internes Rating 1	Kundenbewertungen anhand internen Ratingverfahren
SAP_BAFIN	BAFIN BEWERTUNG	BAFIN RATINGEINGRUPPIERUNG

Abbildung 7.6: Bewertungsverfahren in SAP Credit Management

Ziel eines Bewertungsverfahrens ist der Aufbau einer Bewertungsrangfolge der Kreditwürdigkeit (siehe Abbildung 7.7). Das Ergebnis ist die Bewertung des Geschäftspartners.

Bewertungsverfahren 0CREDS

Bewertungen

Bewertung	Rang	Bezeichnung (sprachunabh.)	Beschreibung (sprachabh.)
A	1	Very Low	Sehr geringes Ausfallrisiko
B	2	Low	Geringes Ausfallrisiko
C	3	Moderate	Mittleres Ausfallrisiko
D	4	High	Hohes Ausfallrisiko
E	5	Not Rated	Nicht bewertet

Abbildung 7.7: Bewertungsverfahren einzeln mit Rangfolge

Unter dem Pfad SPRO • SAP CUSTOMIZING EINFÜHRUNGSLEITFADEN • FINANCIAL SUPPLY CHAIN MANAGEMENT • TREASURY AND RISK MANAGEMENT • GRUNDFUNKTIONEN • GESCHÄFTSPARTNER FÜR FINANCIAL SERVICES • EINSTELLUNGEN FÜR FINANCIAL SERVICES • ALLGEMEINE EINSTELLUNGEN • BEWERTUNG/BONITÄT • BEWERTUNGEN • BEWERTUNGSVERFAHREN UND BEWERTUNG EINSTELLEN hinterlegen Sie differenzierte Bewertungsverfahren mit einer erweiterten Sicht zum Geschäftspartner. Hier ist es möglich, Bonitätsverfahren und Berechnungen zu definieren.

In Abbildung 7.8 sehen Sie die erweiterten Möglichkeiten der Definition von Bewertungsverfahren. Unter FUNKTIONSBAUSTEIN FÜR DIE BEWERTUNG tragen Sie den Namen Ihrer Modifizierung ein. Das Detailbild entspricht dem in SAP Credit Management. Die Einträge erfolgen grundsätzlich in der Tabelle TPZ22, nur die Sicht wird anders generiert.

Bewertungsverfahren

Bew.Verf.	Differenz.	GP-Rolle	Erforde	Standardverf	Bezeichnung (	Funktionsbaust	Fristig	anerkan	Beschr. Bewertungsverfahren	Intern	berec	Perio
0CREDS			☐	☐	creditsafe			☐	creditsafe - Bonitätsbericht	☐	☑	
0EXT1			☐	☐	Externes Ratin			☐	Kundenbewertungen geliefert von Auskunftei 1	☐	☐	
0EXT2			☐	☐	Externes Ratin			☐	Kundenbewertungen geliefert von Auskunftei 2	☐	☐	
0INT1			☐	☐	Internes Ratin			☐	Kundenbewertungen anhand internen Ratingverfahre	☐	☐	
SAP_BAFIN			☐	☐	BAFIN BEWER			☑	BAFIN RATINGEINGRUPPIERUNG	☐	☐	

Abbildung 7.8: Erweiterte Bewertung

Kundenkreditgruppe

Definition »Kundenkreditgruppe«

Kundenkreditgruppen sind nach bestimmten Aspekten (wie z. B. der Unternehmensgröße) frei definierbare Gruppen von Geschäftspartnern. Sie werden für Auswertungen, Arbeitsvorräte, Workflows, Berechtigungen usw. genutzt.

Der Customizing-Pfad ist: SPRO • SAP CUSTOMIZING EINFÜHRUNGSLEITFADEN • FINANCIAL SUPPLY CHAIN MANAGEMENT • CREDIT MANAGEMENT • KREDITRISIKOÜBERWACHUNG • STAMMDATEN • KUNDENKREDITGRUPPE DEFINIEREN

In Abbildung 7.9 sehen Sie Beispiele für Kundenkreditgruppen.

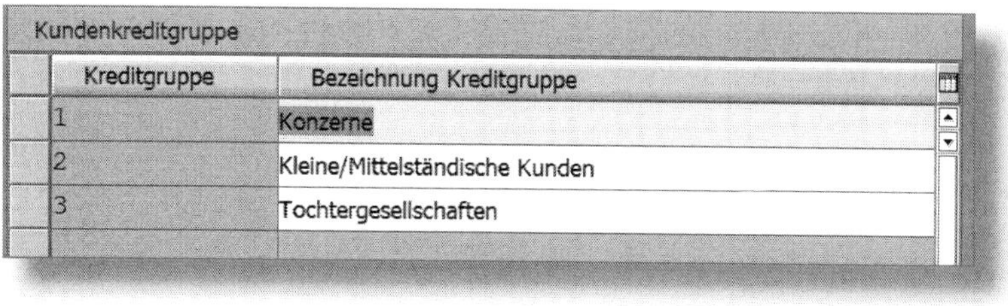
Kundenkreditgruppe

Kreditgruppe	Bezeichnung Kreditgruppe
1	Konzerne
2	Kleine/Mittelständische Kunden
3	Tochtergesellschaften

Abbildung 7.9: Kundenkreditgruppen

Geschäftspartner können außerdem nach Regionen, Kundenstatus oder Vertragsmerkmalen gruppiert sein.

Formeln hinterlegen

Dieser Customizing-Punkt stellt Ihre Formelsammlung dar. Formeln im Kreditmanagement finden Verwendung bei der Berechnung der internen Bonität oder des Kreditlimits.

Der Customizing-Pfad ist: SPRO • SAP CUSTOMIZING EINFÜHRUNGSLEITFADEN • FINANCIAL SUPPLY CHAIN MANAGEMENT • CREDIT MANAGEMENT • KREDITRISIKOÜBERWACHUNG • STAMMDATEN • BEWERTUNGSVERFAHREN HINTERLEGEN.

Als Alternative kann die Berechnung auch in SAP BW, SAP BI oder mittels SAP Analytics Cloud durchgeführt werden, sofern ein internes Scoring verwendet wird.

Verfahren zur Bonitäts- und Kreditlimitermittlung anlegen

Hier werden alle Verfahren zur Bonitätsermittlung und Ermittlung des Kreditlimits eingetragen. Die eingetragenen Verfahren können unter folgendem Customizing-Pfad definiert sowie ganz oder teilweise geändert werden:

Der Customizing-Pfad ist: SPRO • SAP CUSTOMIZING EINFÜHRUNGSLEITFADEN • FINANCIAL SUPPLY CHAIN MANAGEMENT • CREDIT MANAGE-

MENT • KREDITRISIKOÜBERWACHUNG • STAMMDATEN • VERFAHREN ZUR BONITÄTS- UND KREDITERMITTLUNG ANLEGEN

Sie wählen hier die im vorgenannten Punkt hinterlegten Formeln aus oder tragen alternativ die Berechnung aus SAP BW ein. Wenn Sie keine Formel anwenden möchten, geben Sie ein Business-Configuration-Set (BC-Set) zur Ermittlung an. Ohne Eintrag (Leerfeld) wird auf die vorgegebenen Daten zurückgegriffen, die fest für den Geschäftspartner hinterlegt sind. Sie müssen keine umfangreichen Berechnungen oder Neubewertungen durchführen. Für die Informationen zur Bonitätsermittlung von externen Anbietern besteht die Möglichkeit der Überarbeitung gemäß Ihren eigenen Vorgaben zur Bonitätsermittlung und damit zur Kreditermittlung. Die Formeln werden bei Anwendung immer in absteigender Reihenfolge durchlaufen. Dabei werden Entscheidungen zu den Zwischenergebnissen mit »wahr« oder »falsch« ausgegeben und je nach erforderlicher Logik in der Entscheidungsfindung berücksichtigt.

Risikoklassen anlegen

Die Risikoklassen (siehe Abbildung 7.10) werden für die Stammdatenbearbeitung zur Bonität des Geschäftspartners in der Anwendung SAP Financials benötigt. Hier werden die Risikoklassen mit überlappungsfreien Intervallen angelegt.

Der Customizing-Pfad ist: SPRO • SAP CUSTOMIZING EINFÜHRUNGSLEITFADEN • FINANCIAL SUPPLY CHAIN MANAGEMENT • CREDIT MANAGEMENT • KREDITRISIKOÜBERWACHUNG • STAMMDATEN • RISIKOKLASSEN ANLEGEN.

SAP Credit Management: Zuordnung Risikoklasse zu Bonität

Risikoklasse	Bezeichnung Risikoklasse	Bonität von	Bonität bis
A	Kein Ausfallrisiko	80	100
B	Niedriges Ausfallrisiko	60	79
C	Mittleres Ausfallrisiko	40	59
D	Hohes Ausfallrisiko	20	39
E	Sehr hohes Ausfallrisiko	1	19

Abbildung 7.10: Risikoklassen

Risikoklassen verwenden Sie für die interne oder externe Einstufung.

Darstellung der Attribute

Unter dem Customizing-Punkt Darstellung der Attribute werden die Kennzahlen oder *Key Performance Indicators (KPI)* zur Einschätzung der Kreditwürdigkeit zugeordnet. Sie entscheiden mit dieser Aktivität, welche Kennzahlen zum Zahlungsverhalten im Geschäftspartner angezeigt werden.

Der Customizing-Pfad ist: SPRO • SAP Customizing Einführungsleitfaden • Financial Supply Chain Management • Credit Management • Kreditrisikoüberwachung • Stammdaten • Darstellung der Attribute festlegen.

Für die Entgegennahme von Daten zum Zahlungsverhalten aus Fremdsystemen gibt es unter dem Punkt Erweiterungen das BAdI Entgegennahme von Kennzahlen zum Zahlungsverhalten.

Im Standard ist bereits das Attributprofil mit der Bezeichnung *CPBS* für die *Kennzahlen zum Zahlungsverhalten* hinterlegt. Es enthält die folgenden vier Gruppen:

- Mahnungen
- Ältester offener Posten
- Zahlungen
- Umsatz

Die Definition der Aktivität CPBS ist dreistufig, wie Sie in Abbildung 7.11, Abbildung 7.12 und Abbildung 7.13 nachvollziehen können.

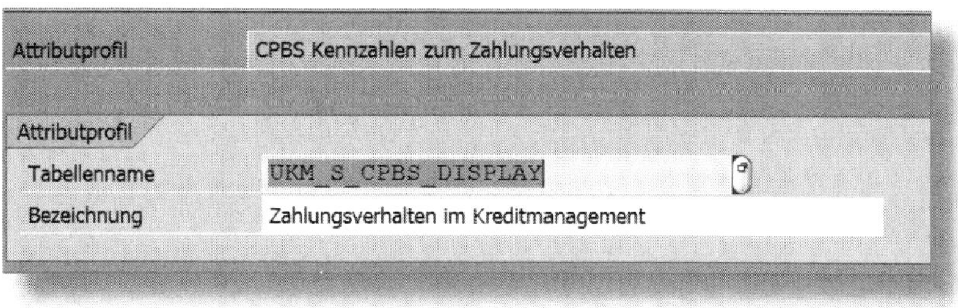

Abbildung 7.11: Attributprofil »CPBS«

Attributprofil CPBS Za

Attributgruppen

Gruppe	Titel der Attributgruppe
1	Mahnungen
2	Ältester offener Posten
3	Zahlungen
4	Umsatz

Abbildung 7.12: Attributprofil »CPBS« – Kennzahlengruppen

Attribute zuordnen

Attribut	Gruppe	Zeile	Spalte
DUNN_AMOUNT	1		1
DUNN_COUNTER	1	2	1
DUNN_CURR	1	1	2
DUNN_DATE	1	2	2
DUNN_MAX_LV	1	3	1
DUNN_PGUID	1	3	2

Abbildung 7.13: Attributprofil »CPBS« – Kennzahlengruppe, Mahnungen

In Abbildung 7.13 sehen Sie die eigentliche Zuordnung der Attribute in der Kennzahlengruppen »Mahnungen« zum Attributprofil »CBPS Zahlungsverhalten«.

Integration externer Kreditauskunfteien

Unter diesem Punkt hinterlegen Sie die Verbindungsinformationen mit URL und RFC-Verbindung zur Cloudanwendung SAP S/4HANA Cloud for Credit Integration (siehe Abbildung 7.14).

Der Customizing-Pfad ist: SPRO • SAP CUSTOMIZING EINFÜHRUNGSLEITFADEN • FINANCIAL SUPPLY CHAIN MANAGEMENT • CREDIT MANAGEMENT • KREDITRISIKOÜBERWACHUNG • STAMMDATEN • INTEGRATION EXTERNER KREDITAUSKUNFTEIEN.

Abbildung 7.14: Link zum Aufruf für externe Kreditauskunftei

Diesen Link verwenden Sie im Customizing-Pfad und im Menü SAP Easy Access für die Funktion EXTERNE KREDITAUSKÜNFTE VERWALTEN.

7.2.2 Geschäftspartner

Unter dem Customizing-Pfad SPRO • SAP CUSTOMIZING EINFÜHRUNGSLEITFADEN • FINANCIAL SUPPLY CHAIN MANAGEMENT • CREDIT MANAGEMENT • KREDITRISIKOÜBERWACHUNG • GESCHÄFTSPARTNER finden Sie Hilfestellungen und Verweise, falls bei Ihnen FI-AR und SAP Credit Management auf verschiedenen Systemen laufen. Wenn Sie mit mehreren Systemen arbeiten, trifft der Punkt ALE FÜR MEHRERE SAP-FI- UND SD-SYSTEME auf Sie zu.

ALE-Stammdatenverteilung

Dieser Punkt ist für Sie wichtig, wenn Sie mit zwei Systemen arbeiten. Wenn Sie aktuell das Szenario der zentralen Stammdatenerstellung in einem System nutzen, folgen Sie Ihrer Verfahrensweise auch für die Debitoren in FI-AR und Geschäftspartner in SAP Credit Management.

Wenn Sie dagegen mit dezentraler Erstellung der Stammdaten arbeiten, benötigen Sie ein Verteilungsmodell, das Nummernkreisdifferenzen in SAP FSCM ausschließt.

Für den Fall, dass Sie bereits zu den Debitoren die Geschäftspartner einsetzen, müssen Sie zusätzlich die Rolle UKM000 verwenden. Die Einstellungen nehmen Sie im Customizing zum Geschäftspartner und in der Anwendung selbst vor. Es gibt eine weitere Unterrolle UKM001, die später in der Zuordnung der Kreditsachbearbeiter zur Verfügung steht. Für die Einrichtung der allgemeinen Geschäftspartner für das Kreditmanagement ist die Rolle UKM000 zwingend notwendig, die Unterrolle UKM001 ergibt sich in der Zuordnung der Beziehung automatisch beim Aufruf der Funktion. Mehr Details hierzu finden Sie in Abschnitt 5.3.

Der Geschäftspartner in SAP Credit Management verfügt zusätzlich über die folgenden Registerkarten:

- KREDITPROFIL
- KREDITLIMIT
- STEUERUNG
- KENNZAHLEN ZAHLUNGSVERHALTEN

Die Fehleranalyse und Behebung der Funktion GESCHÄFTSPARTNER FÜR DAS KREDITMANAGEMENT richten Sie wie folgt ein und prüfen diese. Geben Sie zuerst im Bild SAP EASY ACCESS den Transaktionscode *BUPT* ein. Sie befinden sich nun im Customizing für den Geschäftspartner. Wählen Sie im ersten Schritt GESCHÄFTSPARTNER • STEUERUNG • ANWENDUNGEN oder den Transaktionscode *BUS1*. Im Detailbild der Anwendung UKM setzen Sie das Kennzeichen AKTIV (siehe Abbildung 7.15).

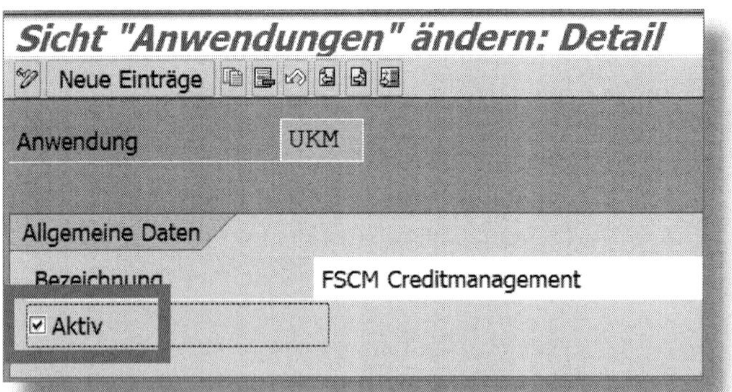

Abbildung 7.15: Geschäftspartner für Kreditmanagement aktivieren

Im zweiten Schritt wählen Sie GESCHÄFTSPARTNER • STEUERUNG • BILDFOLGEN (Transaktionscode *BUS6*). Prüfen Sie, ob die Bildfolge *BUP001* die Bildfolge UKM100 enthält (siehe Abbildung 7.16).

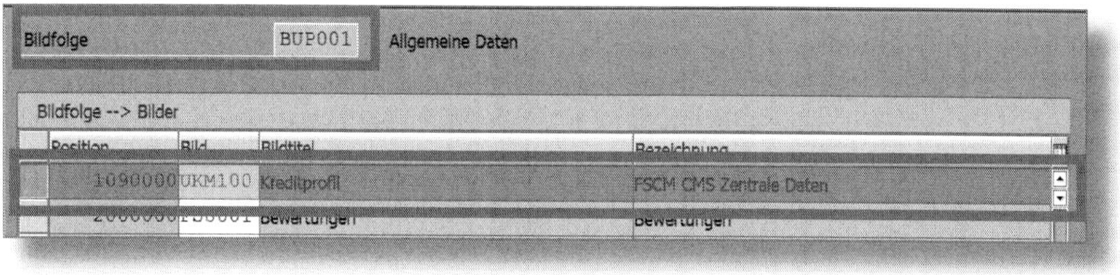

Abbildung 7.16: Bildfolge »Kreditprofil«

Im dritten Schritt wählen Sie GESCHÄFTSPARTNER • STEUERUNG • TEILBARKEIT • GP-SICHTEN (Transaktionscode *BUSD*). Suchen Sie zuerst in der GP-Sicht *UKM000* jeweils nach den Einträgen für die rufenden Ansichten UKM und FS08; prüfen Sie dann, ob als Sub-Header-ID *UKM110* eingetragen ist. Das Ergebnis sehen Sie in Abbildung 7.17.

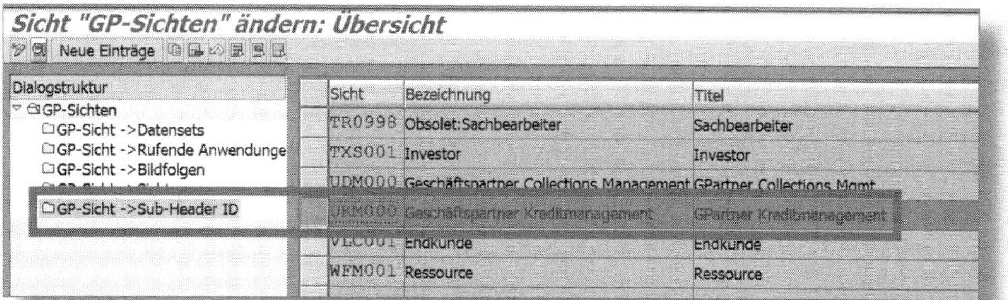

Abbildung 7.17: Geschäftspartnersichten

Als nächsten Schritt prüfen Sie mit der Transaktion *SM30* die Sicht V_TBZJ1C. Vergewissern Sie sich, dass für SUBHEADER der Eintrag *UKM 110* mit der POSITION *6* vorhanden ist und das Kennzeichen AKTIV dafür gesetzt wurde (siehe Abbildung 7.18). Wenn der Eintrag fehlt, fügen Sie diesen nachträglich hinzu.

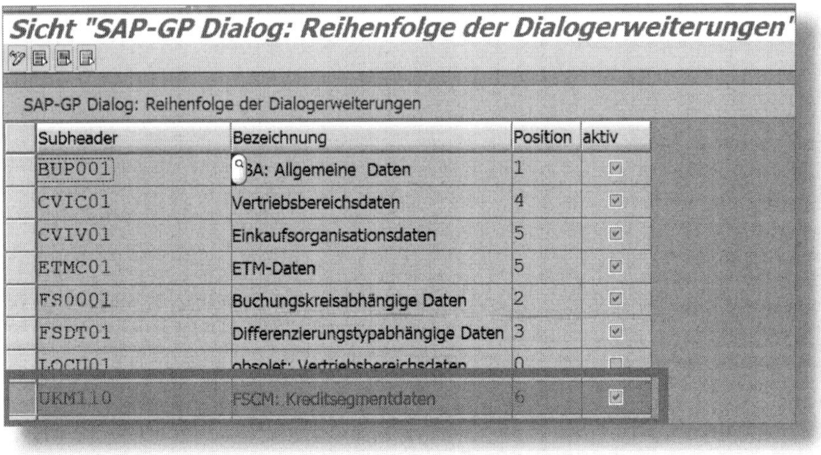

Abbildung 7.18: Geschäftspartner – Dialog »Kreditsegment«

Nun prüfen Sie in zwei Stufen die Rollendefinitionen auf Vollständigkeit und ergänzen gegebenenfalls.

In der ersten Stufe folgen Sie dem Customizing-Pfad SPRO • SAP CUSTOMIZING EINFÜHRUNGSLEITFADEN • ANWENDUNGSÜBERGREIFENDE KOMPONENTEN • SAP GESCHÄFTSPARTNER • GESCHÄFTSPARTNER • GRUNDEINSTELLUNGEN • GESCHÄFTSPARTNERROLLEN • GP-ROLLEN DEFINIEREN. Markieren Sie die Rolle UKM000, gehen Sie aus der Übersicht über die Drucktaste mit dem Lupensymbol in das Detailbild und wählen Sie dann GP-ROLLENTYPEN. Das Folgebild soll die in Abbildung 7.19 gezeigten Einträge aufweisen:

- TITEL – *SAP Credit Management*
- DIFFERENZIERUNGSTYP – *9 Differenzierung*
- MÖGLICHE GESCHÄFTSPARTNERTYPEN – Kennzeichen für ORGANISATION, PERSON und GRUPPE

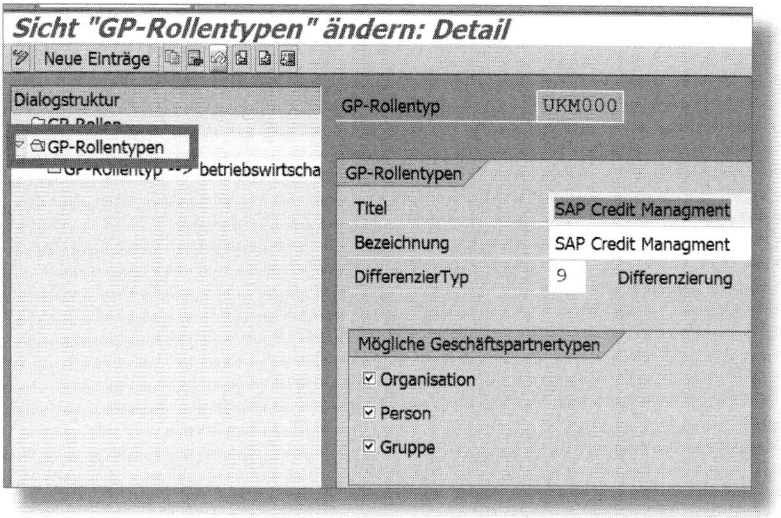

Abbildung 7.19: GP-Rollentypen für das Kreditmanagement

Die nächste Stufe ist das Prüfen der Geschäftspartnerrolle UKM000, fehlende Einträge ergänzen Sie. Folgen Sie wieder demselben Pfad im Customizing SPRO • SAP CUSTOMIZING EINFÜHRUNGSLEITFADEN • ANWENDUNGSÜBERGREIFENDE KOMPONENTEN • SAP GESCHÄFTSPARTNER • GESCHÄFTSPARTNER • GRUNDEINSTELLUNGEN • GESCHÄFTSPARTNER ROLLEN • GP-ROLLEN DEFINIEREN. Auf das Detailbild gelangen Sie, indem Sie in der Dialogstruktur auf GP-ROLLEN klicken (siehe Abbildung 7.20). Kontrollieren Sie, ob alle im Bild gezeigten Einträge für den TITEL (*SAP Credit Management*), den GP-ROLLENTYP (*UKM000*) und die GP-SICHT in der OBERFLÄCHENSTEUERUNG (ebenfalls *UKM000*) vorhanden sind. Achten Sie darauf, dass für den GP-ROLLENTYP das Kennzeichen STANDARDZUORDNUNG gesetzt ist.

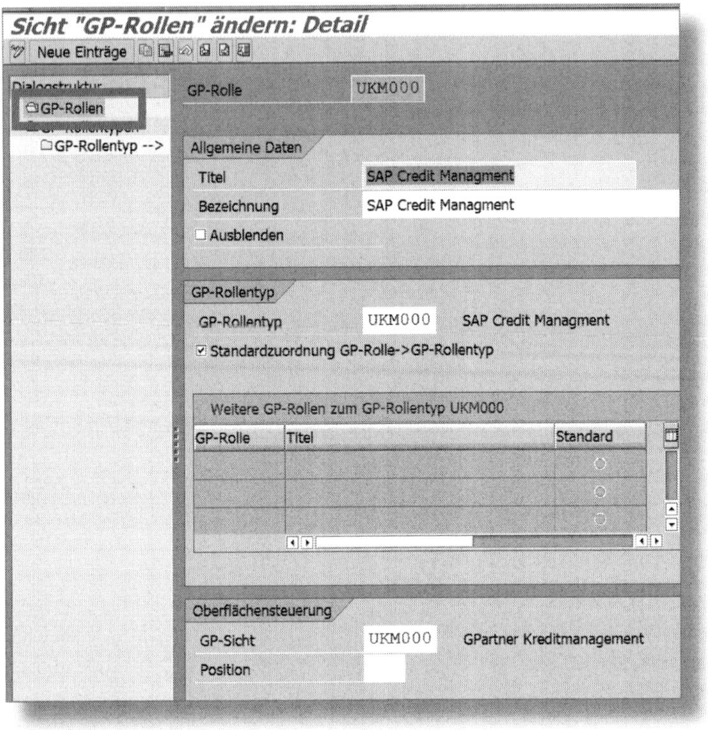

Abbildung 7.20: GP-Rolle »UKM000«

Durch die vorgenommenen Einträge können Sie den Geschäftspartner für SAP Credit Management nutzen; die Rolle UKM000 kann jetzt zugeordnet und alle Daten für das Kreditmanagement können festgelegt werden. Ihnen stehen bei Aufruf des Geschäftspartners im Startbildschirm ALLGEMEINE DATEN die Drucktaste für KREDITSEGMENTDATEN und die Registerkarten KREDITPROFIL und BONITÄTSDATEN zur Verfügung (siehe Abbildung 7.21). Über die Drucktaste KREDITSEGMENT gelangen Sie auf die drei weiteren Registerkarten KREDITLIMIT UND STEUERUNG, KENNZAHLEN ZAHLUNGSVERHALTEN sowie KPI ZAHLUNGSVERHALTEN (siehe Abbildung 7.22).

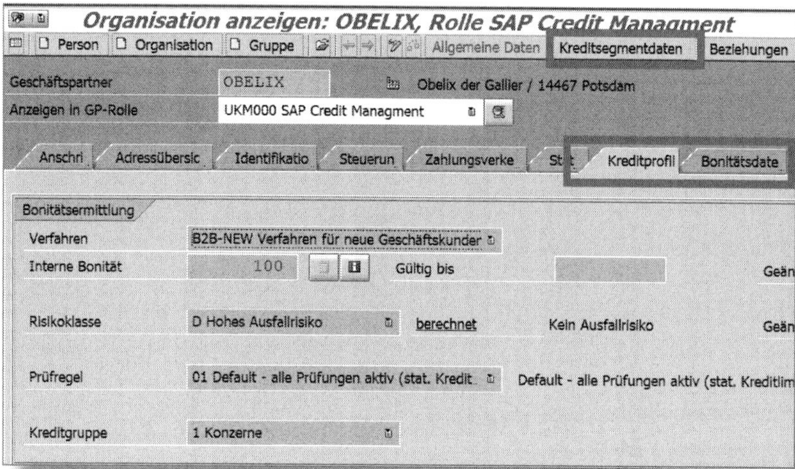

Abbildung 7.21: Geschäftspartner – allgemeine Daten mit Kreditsegmentdaten

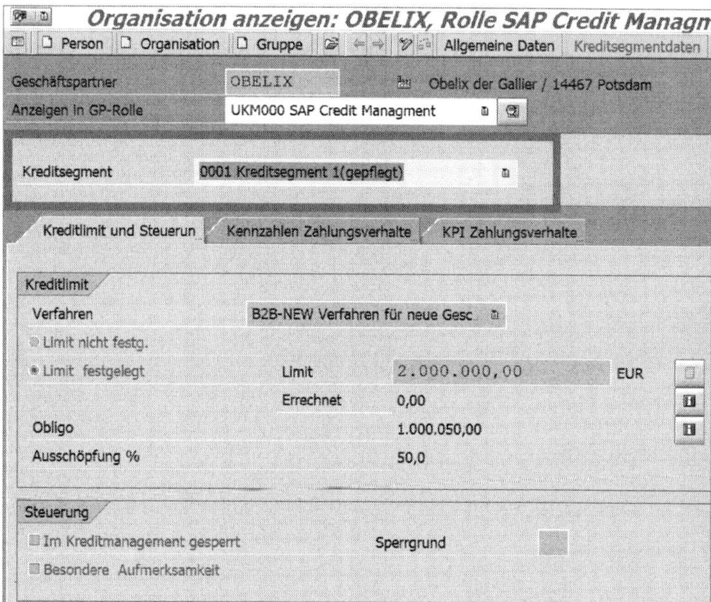

Abbildung 7.22: Geschäftspartner – Sicht »Kreditsegment«

Die Anwendung zeigt Ihnen die erfolgreich eingerichteten Geschäftspartner für das Kreditmanagement.

ALE für mehrere SAP-FI- und SD-Systeme

Für die Arbeit mit mehreren verteilten Systemen müssen Sie ein Verteilungsmodell für das Stammdatenmanagement einrichten oder das bisherige Verteilungsmodell nutzen. Dazu ist es möglich, die Stammdatensynchronisation mittels *Unified Key Mapping Service* für Geschäftspartner unter SAP NetWeaver Process Integration zu verwenden. Für eine genaue Beschreibung lesen Sie das »Praxishandbuch SAP-Geschäftspartner (Business Partner) – Funktionen und Integration in SAP S/4HANA« von Robin Schneider (Espresso Tutorials, 2020).

7.2.3 Kreditlimitantrag

Der Kreditlimitantrag ist ein wesentlicher Prozess in SAP Credit Management.

Einstellungen im Case Management (Verweise)

Voraussetzungen für die zugehörigen Customizing-Aktivitäten sind die Einstellungen im SAP Records Management (siehe Abschnitt 7.4.2) und Case Management (siehe Abschnitt 7.4.3). Sie finden alle erforderlichen Aktivitäten unter dem Customizing-Pfad SPRO • SAP CUSTOMIZING EINFÜHRUNGSLEITFADEN • SAP NETWEAVER • APPLICATION SERVER • BASIS-SERVICES • CASE MANAGEMENT.

Profil der Fallsuche

Das Profil für die Suche nach konkreten SAP-Credit-Management-Fällen ist Voraussetzung für sinnvolle Ergebnisse in den Transaktionen des FIN-FSCM-CR. Hier werden ein Suchprofil angelegt und sowohl die selektierbaren als auch die änderbaren Felder bestimmt. Sie erreichen die entsprechende IMG-Aktivität über den Customizing-Pfad SPRO • SAP CUSTOMIZING EINFÜHRUNGSLEITFADEN • FINANCIAL SUP-

PLY CHAIN MANAGEMENT • CREDIT MANAGEMENT • KREDITRISIKOÜBERWACHUNG • KREDITLIMITANTRAG • PROFIL FÜR DIE FALLSUCHE ANLEGEN.

Im Suchprofil für Kreditlimitanträge ist es nicht möglich, eigene Attribute zu verwenden. Das für SAP Credit Management ausgelieferte Profil F_CR (siehe Abbildung 7.23) wird von der Elementart UKM_SPS_LOC_CLCR verwendet und dient zur Fallsuche der Kreditlimitanträge. Die in Abbildung 7.24 sichtbaren Felder sind der Suche zugeordnet und wahlweise selektierbar. Mit der Zuordnung der FALLATTRIBUTE zu Zeilen und Spalten legen Sie den Aufbau und die Anordnung der Felder fest, z. B. in der Transaktion *SCASE*.

Profil der Fallsuche

Profil	Bezeichung des Profils	Tabellenname
F_CR	SAP Credit Managment	UKMCASEATTR00

Abbildung 7.23: Suchprofil F_CR für Kreditlimitanträge

Profil der Fallsuche F_CR

Selektionsfelder

Zeile	Spalte	Fallattribut	Sel.Opt.
1	1	EXT_KEY	☐
1	2	PROCESSOR	☐
2	1	FCR_PARTNER	☐
2	2	FCR_SEGMENT	☑
4	1	CREATED_BY	☐
4	2	CREATE_TIME	☑
5	1	STAT_ORDERNO	☐
5	2	CATEGORY	☐
6	1	PRIORITY	☐
6	2	CASE_TITLE	☐

Abbildung 7.24: Selektierbare Felder für Kreditlimitantragssuche

In Abbildung 7.25 sehen Sie einige der änderbaren Felder aus der Tabelle UKMCASEATTR00. Es stehen zusätzlich Felder der Tabelle SCMG_T_CASE_ATTR (siehe Tabelle 7.1) zur Auswahl. Der ausgelieferte Standard sieht keine änderbaren Felder vor. Die Vorgaben, welche Felder änderbar sind, soll der Kreditmanager treffen.

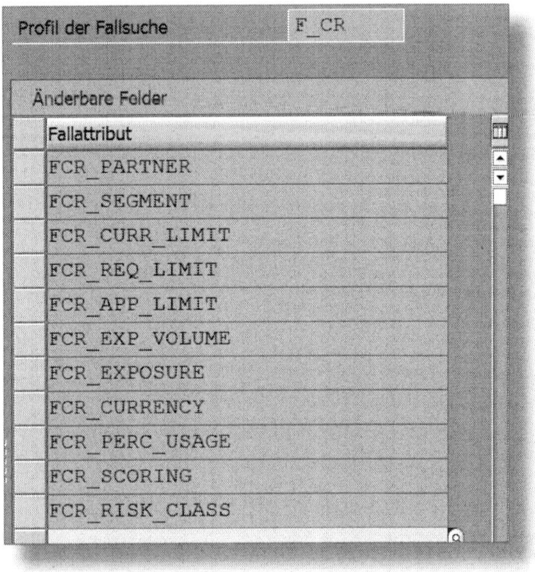

Abbildung 7.25: Fallsuche »Kreditlimitantrag« – änderbare Felder

Tabelle	Feld	Bezeichnung
SCMG_T_CASE_ATTR	EXT_REF	Externe Referenz
SCMG_T_CASE_ATTR	PLAN_END_DATE	Geplanter Abschluss
SCMG_T_CASE_ATTR	PROCESSOR	Bearbeiter
SCMG_T_CASE_ATTR	RESPONSIBLE	Verantwortlicher
SCMG_T_CASE_ATTR	CASE_TITLE	Überschrift
SCMG_T_CASE_ATTR	ESCAL_REASON	Eskalationsgrund
SCMG_T_CASE_ATTR	CATEGORY	Kategorie

Tabelle	Feld	Bezeichnung
SCMG_T_CASE_ATTR	PRIORITY	Priorität
SCMG_T_CASE_ATTR	STAT_ORDERNO	Status
SCMG_T_CASE_ATTR	REASON_CODE	Ursache
UKMCASEATTR00	FCR_PARTNER	GeschPartner
UKMCASEATTR00	FCR_SEGMENT	Kreditsegment
UKMCASEATTR00	FCR_CURR_LIMIT	Kreditlimit
UKMCASEATTR00	FCR_REQ_LIMIT	Angefordert
UKMCASEATTR00	FCR_APP_LIMIT	Genehmigt
UKMCASEATTR00	FCR_EXP_VOLUME	Erwart. Volumen
UKMCASEATTR00	FCR_EXPOSURE	Gesamtobligo
UKMCASEATTR00	FCR_CURRENCY	Währung
UKMCASEATTR00	FCR_PERC_USAGE	Ausschöpfung %
UKMCASEATTR00	FCR_SCORING	Interne Bonität
UKMCASEATTR00	FCR_RISK_CLASS	Risikoklasse

Tabelle 7.1: Zusammenstellung der änderbaren Felder

Für die Fallsuche nach dokumentierten Kreditentscheidungen steht eine eigene IMG-Aktivität zur Verfügung.

Enterprise Services

Die *Enterprise Services* dienen der Einbindung von Dokumenttypen für den Kreditlimitantrag. Sie ermöglichen die Nutzung von SAP-Dokumenten wie z. B. SAP-Script-Formularen oder von bekannten Dokumenten aus Officeanwendungen. Diese werden hier mit ihrem Namen, dem Typ und der Bezeichnung der Anwendung hinterlegt.

Unter dem Customizing-Pfad SPRO • SAP CUSTOMIZING EINFÜHRUNGSLEITFADEN • FINANCIAL SUPPLY CHAIN MANAGEMENT • CREDIT

Management • Kreditrisikoüberwachung • Kreditlimitantrag • Enterprise Services • Mapping-BAdIs für Service-Provider stehen für das Mapping zur Bereitstellung sowie Einbindung von Formularen und Dokumenten verschiedene Erweiterungen zur Verfügung.

Weboberfläche für Kreditlimitantrag

Die Funktionen zum Kreditlimitantrag stehen auch für Webservices zur Verfügung und werden mittels der IMG-Aktivitäten unter dem Customizing-Pfad SPRO • SAP Customizing Einführungsleitfaden • Financial Supply Chain Management • Credit Management • Kreditrisikoüberwachung • Kreditlimitantrag • Web-Oberfläche für Kreditlimitantrag eingerichtet. Die Konfiguration sollte regelmäßig von einem Basisberater oder Administrator vorgenommen werden. Die Einrichtung der Applikationsparameter erfolgt analog zu den normalen IMG-Aktivitäten. Im Auslieferungsstandard sind diese Funktionen nicht eingerichtet.

7.2.4 Kreditlimitprüfung

Die Kreditlimitprüfung ist der Hauptprozess im Kreditmanagement. Hier werden die Umsatzoptionen gegen das Ausfallrisiko der Forderungen abgewogen. Die Bearbeitung einer Kreditlimitprüfung erfolgt nach einem betrieblich festgelegten Szenario und wird entsprechend in SAP Credit Management konfiguriert.

Sperrgründe definieren

Die IMG-Aktivität Sperrgründe definieren dient dem Ausschluss eines Geschäftspartnerkontos für rein kreditive Vorgänge. Zahlungen oder der Ausgleich offener Posten usw. sind weiterhin möglich. *Sperrgründe* kennzeichnen das zu prüfende sachliche Risiko. Sie können frei vergeben werden und ziehen einen Folgeprozess nach sich, der durch ein zugeordnetes Ereignis ausgelöst wird. Sie finden die IMG-Aktivität unter dem Customizing-Pfad SPRO • SAP CUSTOMIZING EINFÜHRUNGSLEITFADEN • FINANCIAL SUPPLY CHAIN MANAGEMENT • CREDIT MANAGEMENT • KREDITRISIKOÜBERWACHUNG • KREDITLIMITPRÜFUNG • SPERRGRÜNDE DEFINIEREN.

In Abbildung 7.26 sehen Sie Beispiele potenzieller Sperrgründe.

SAP Credit Management: Grund für Sperre im Credit Management

Sperrgrund	Bezeichnung Sperrgrund	Ereignistyp
01	Kreditlimit überschritten	UU Limitausschöpfung hat soeben 100% überschritte
02	Kein Versicherung verfügbar	
03	Betrug möglich	
04	Unzureichende Bonität	
20	Zu genehmigendes Kreditlimit	
21	Kreditlimit geändert	
22	Kreditlimit abgelehnt	
23	Kreditlimit ungültig	CL Kreditlimit ungültig
24	Interne Bonität ungültig	IS interne Bonität ungültig
Z9	Manuelle Sperre	

Abbildung 7.26: Beispiel »Sperrgründe« – Kreditlimit

Infokategorien hinterlegen

Im Customizing werden als nächste Aktivität die *Infokategorien* hinterlegt unter dem Pfad SPRO • SAP CUSTOMIZING EINFÜHRUNGSLEITFADEN • FINANCIAL SUPPLY CHAIN MANAGEMENT • CREDIT MANAGEMENT • KREDITRISIKOÜBERWACHUNG • KREDITLIMITPRÜFUNG • INFOKATEGORIEN HINTERLEGEN.

Mit den festgelegten Infokategorien (siehe Abbildung 7.27) können Sie weitere Informationen im Kreditprofil des Geschäftspartners zur Verfügung stellen. Diese Informationen nutzen Sie anschließend für die Kreditlimitprüfung.

Infokategorie

Informationstyp	Bezeichnung der Infokategorie
10 Sicherheit	Sicherheiten
20 Negativmerkmal	Negative Merkmale des Kunden
30 Prüfausnahme	Prüfausnahmen
40 Kreditversicherung	Kreditversicherungen

Abbildung 7.27: Beispiele für Infokategorien

Den Infokategorien ordnen Sie Infotypen zu. Abbildung 7.28 zeigt eine Auswahl an Infotypen. Diese entsprechen den Merkmalen oder Informationsarten, nach denen Sie die Prüfung vornehmen.

Infotyp

Informationsart	Bezeichnung zum Infotyp
1	Grundschuld
2	Hypothek
3	Bürgschaft
4	Garantie
5	Abtretung
6	Sicherungsübereignung

Abbildung 7.28: Beispiele für Infotypen

Feldgruppen für Parameter definieren

Als nächster Schritt werden Parameter (Festwerte) zur Kreditlimitprüfung zugeordnet (siehe Abbildung 7.29). In dieser Aktivität ordnen Sie den Feldgruppen eine Anzahl an Feldern mit deren Feldnamen zu.

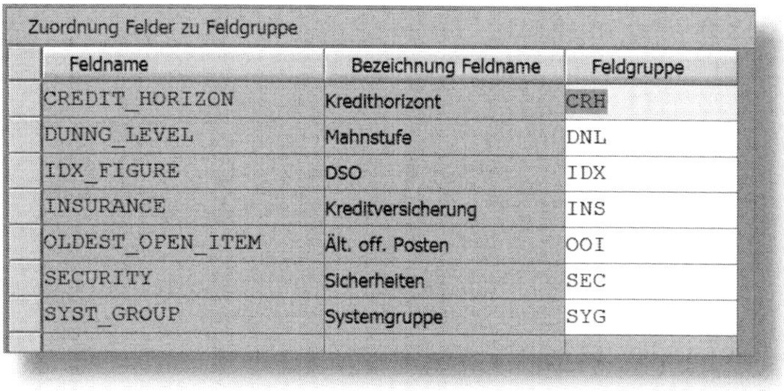

Zuordnung Felder zu Feldgruppe

Feldname	Bezeichnung Feldname	Feldgruppe
CREDIT_HORIZON	Kredithorizont	CRH
DUNNG_LEVEL	Mahnstufe	DNL
IDX_FIGURE	DSO	IDX
INSURANCE	Kreditversicherung	INS
OLDEST_OPEN_ITEM	Ält. off. Posten	OOI
SECURITY	Sicherheiten	SEC
SYST_GROUP	Systemgruppe	SYG

Abbildung 7.29: Parameter zuordnen

Sie erreichen die IMG-Aktivität über den Customizing-Pfad SPRO • SAP CUSTOMIZING EINFÜHRUNGSLEITFADEN • FINANCIAL SUPPLY CHAIN MANAGEMENT • CREDIT MANAGEMENT • KREDITRISIKOÜBERWACHUNG • KREDITLIMITPRÜFUNG • FELDGRUPPEN FÜR PARAMETER DEFINIEREN.

Diese Aktivität ist Voraussetzung für das Hinterlegen der Prüfregeln unter Einbeziehung der Felder im nächsten Schritt.

Prüfregeln definieren

Unter dem Customizing-Pfad SPRO • SAP CUSTOMIZING EINFÜHRUNGSLEITFADEN • FINANCIAL SUPPLY CHAIN MANAGEMENT • CREDIT MANAGEMENT • KREDITRISIKOÜBERWACHUNG • KREDITLIMITPRÜFUNG • PRÜFREGELN DEFINIEREN legen Sie die unternehmensspezifischen Prüfregeln fest. Deren Nummerierung und Bezeichnung können Sie frei vergeben. Prüfregeln können mehrstufig angelegt werden, also mit definierten Schrittfolgen. Im SAP-Auslieferungsstandard sind bereits die Prüfschritte 10 und 30, die beide den Parameter SYSTEMANFRAGE FÜR OBLIGOPRÜFUNGEN nutzen, enthalten. In den Einzelschritten verwenden Sie Ihre Parameter und Feldzuordnungen zur Prüfung. Die Prüfregeln können Sie je Kreditsegment unterschiedlich gestalten.

Ein in der SAP-Hilfe beschriebenes Beispiel zur Customizing-Aktivität PRÜFREGEL DEFINIEREN sehen Sie in Abbildung 7.30 und Abbildung 7.31.

Wir befinden uns hier im oben genannten Customizing und selektieren eine der zuvor festgelegten Prüfregeln, in unserem Beispiel die Prüfregel *01*.

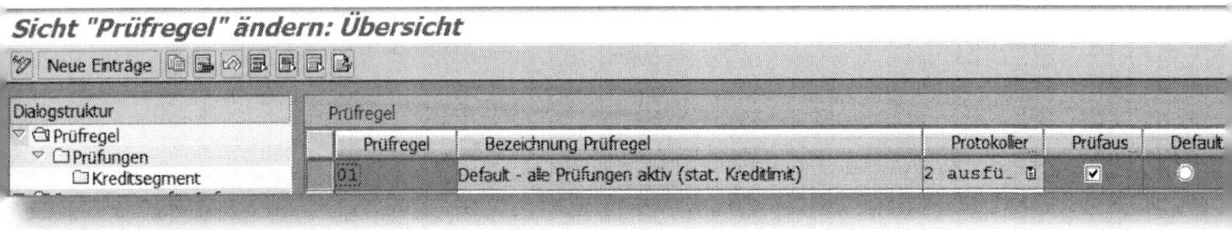

Abbildung 7.30: Kreditlimit – Prüfregel selektieren

Anschließend wählen Sie zur Prüfregel 01 den Prüfschritt *100*, der in diesem Hilfebeispiel für die Prüfung der Mahnstufe ausgeprägt wurde. Sie sehen die passende Feldgruppe *DNL* (Dunning, Deutsch: Mahnung).

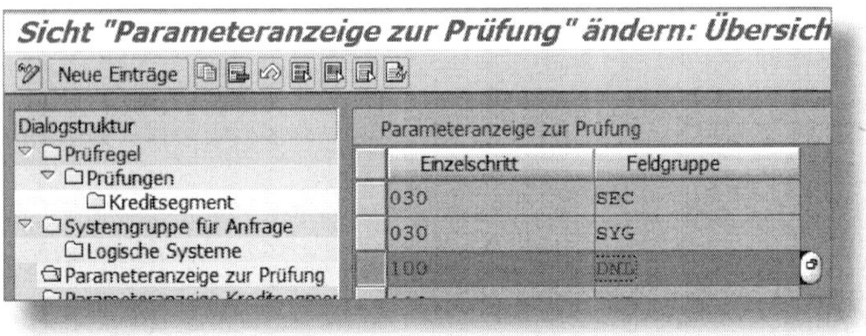

Abbildung 7.31: Kreditlimit – Prüfregel zu Prüfschritt 100

Der Prüfschritt 100 für die Mahnstufe ist nicht vom Typ »Betrag« und somit auch nicht währungsabhängig. Daher wird keine Bearbeitung auf Kreditsegmentebene vorgenommen.

Eigene Parameter aus BAdIs anzeigen

Sie stellen Ihre eigenen, in BAdIs definierten Parameter im System dar, indem Sie in der Dialogstruktur PARAMETERANZEIGE ZUR PRÜFUNG wählen.

Ein Beispiel für die Bearbeitung auf Kreditsegmentebene ist der *maximale Belegwert* (siehe Abbildung 7.32).

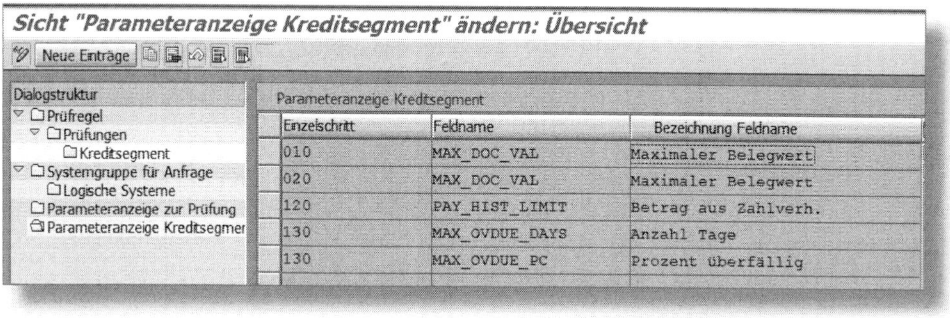

Abbildung 7.32: Kreditlimit – Prüfregel zum Kreditsegment

Bei der Gestaltung der Prüfregeln und Prüfschritte können Sie frei aus den im Standard ausgelieferten Prüfschritten und Ihren Erweiterungen wählen. Das Customizing lässt alle Anzeigen zu. Neben den standardmäßigen Prüfregeln und Prüfschritten werden auch Ihre eigenen Erweiterungen im Customizing angezeigt und stehen in den Anwendungen für die Bearbeiter im Kreditmanagement zur Auswahl.

7.2.5 Dokumentierte Kreditentscheidung

Die dokumentierte Kreditentscheidung ist ein wesentliches Element der Entscheidung hinsichtlich des bestehenden Kreditlimits sowie der Verfahrensweise zur Kreditrisikobearbeitung des Geschäftspartnerkontos für ein neues Kreditlimit. Der Prozess zur Kreditentscheidung wird als Fall angelegt und mit den dazu benötigen Informationen inklusive aller Dokumente angereichert.

Case Management (Verweise)

Wie schon für den Kreditlimitantrag geschehen, ist auch die Einrichtung im Records und Case Management (siehe Abschnitte 7.4.2 und 7.4.3) Voraussetzung für die Nutzung der Fallart »dokumentierte Kreditentscheidung« in SAP Credit Management. Sie finden die IMG-Aktivitäten für das Case Management über den Pfad: SPRO • SAP Customizing Einführungsleitfaden • SAP NetWeaver • Application Server • Basis-Services • Case Management.

Profil für die Fallsuche anlegen

Analog zum Profil für die Fallsuche zum Kreditlimitantrag wird das Profil für die Fallsuche zur dokumentierten Kreditentscheidung angelegt (siehe Abbildung 7.33). Das im Standard vorgegebene Profil heißt FDCD_LOC.

Profil der Fallsuche

Profil	Bezeichung des Profils	Tabellenname
FDCD_LOC	Dokumentierte Kreditentscheidung	UKM_DCD_ATTR

Abbildung 7.33: Fallsuche »dokumentierte Kreditentscheidung«

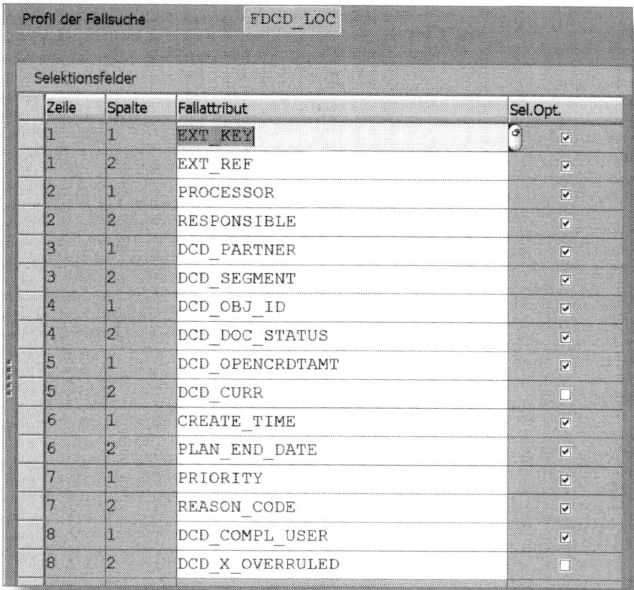

Profil der Fallsuche FDCD_LOC

Selektionsfelder

Zeile	Spalte	Fallattribut	Sel.Opt.
1	1	EXT_KEY	☑
1	2	EXT_REF	☑
2	1	PROCESSOR	☑
2	2	RESPONSIBLE	☑
3	1	DCD_PARTNER	☑
3	2	DCD_SEGMENT	☑
4	1	DCD_OBJ_ID	☑
4	2	DCD_DOC_STATUS	☑
5	1	DCD_OPENCRDTAMT	☑
5	2	DCD_CURR	☐
6	1	CREATE_TIME	☑
6	2	PLAN_END_DATE	☑
7	1	PRIORITY	☑
7	2	REASON_CODE	☑
8	1	DCD_COMPL_USER	☑
8	2	DCD_X_OVERRULED	☐

Abbildung 7.34: Dokumentierte Kreditentscheidung – selektierbare Felder für die Fallsuche festlegen

Dem Fallprofil werden aus der Tabelle UKM_DCD_ATTR Attribute sowie ihre zugehörigen Felder zugeordnet und wahlweise als selektierbare Felder zur Verfügung gestellt (siehe Beispiel in Abbildung 7.34).

Als änderbare Felder stehen die Attribute aus Tabelle 7.2 mit den entsprechenden Feldern zur Verfügung.

Tabelle	Attribut/Feld	Beschreibung
SCMG_T_CASE_ATTR	EXT_REF	Externe Referenz
SCMG_T_CASE_ATTR	PLAN_END_DATE	Geplanter Abschluss
SCMG_T_CASE_ATTR	PROCESSOR	Bearbeiter
SCMG_T_CASE_ATTR	RESPONSIBLE	Verantwortlicher
SCMG_T_CASE_ATTR	CASE_TITLE	Überschrift
SCMG_T_CASE_ATTR	ESCAL_REASON	Eskalationsgrund
SCMG_T_CASE_ATTR	CATEGORY	Kategorie
SCMG_T_CASE_ATTR	PRIORITY	Priorität
SCMG_T_CASE_ATTR	STAT_ORDERNO	Status
SCMG_T_CASE_ATTR	REASON_CODE	Ursache
UKM_DCD_ATTR	DCD_APPROVER1	Genehmigender
UKM_DCD_ATTR	DCD_APPROVER2	Genehmigender 2
UKM_DCD_ATTR	DCD_APPR_STAT1	Stand
UKM_DCD_ATTR	DCD_APPR_STAT2	Stand 2
UKM_DCD_ATTR	DCD_X_OPENITEM	OPs überfällig

Tabelle 7.2: Attribute und Feldbeschreibungen für änderbare Felder

Logisches System den Elementarten für Business-Objekte zuordnen

Diese IMG-Aktivität benötigen Sie zum Arbeiten mit verschiedenen logischen Systemen, um Business-Objekte (bekannt als *Elemente*) zu finden. Wenn sich z. B. Ihre Einkaufsbelege in einem anderen logischen System als dem SAP-Credit-Management-System befinden, so ordnen Sie die logischen Systeme der Business-Objekte den Elementarten zu. Sie finden die entsprechende Customizing-Aktivität unter SPRO • SAP CUSTOMIZING EINFÜHRUNGSLEITFADEN • FINANCIAL SUPPLY CHAIN MANAGEMENT • CREDIT MANAGEMENT • KREDITRISIKOÜBERWACHUNG • DOKUMENTIERTE KREDITENTSCHEIDUNG • LOGISCHES SYSTEM DEN ELEMENTARTEN FÜR BUSINESS-OBJEKTE ZUORDNEN.

In Abbildung 7.35 sehen Sie ein Beispiel für diese Zuordnung.

Überschreiben von Connection Parametern für SP BOR

Elementart-ID	LogSystem
UKM_SPS_LIKP	IS8CLNT850
UKM_SPS_VBAK	IS8CLNT850

Abbildung 7.35: Zuordnung logisches System zur Elementart-ID

Ableitung der Elementarten festlegen

Über die Ableitung der Elementarten stellen Sie sicher, dass die Business-Objekte zu den Fällen im Kreditmanagement gefunden werden. Business-Objekte können z. B. Verkaufsbelege oder Lieferbelege sein. Die beiden Business-Objekte Verkaufsbeleg oder Lieferbeleg entsprechen jeweils einer Elementart. Die einzelnen Belege 1 bis n sind die einzelnen Elemente 1 bis n der jeweiligen Elementart.

Die Elementarten wurden bereits in der Registry-Pflege des SAP Records Management definiert und zugeordnet (siehe die Abschnitte 7.4 bis 7.4.3). Im Customizing der Elementarten hinterlegen Sie in der nächsten Stufe der Zuordnung, welcher Business-Objekttyp (also welche Dokumentart, Belegart etc.) mit welcher Elementart in den Fall »dokumentierte Kreditentscheidung« eingefügt wird. Die Elementarten sind in der Registry mit UKM_SPS beginnend dem Serviceprovider für Business-Objekte SCMG_SPS_BOR zugeordnet. Die Hierarchie in der Registry regelt die Vererbung und Aktivitätensteuerung, in diesem Fall die Zuordnung von Dokumenten zu Fällen. Je nach Aktivierung der SAP-Komponenten und Bearbeitung der Registry (SAP Records Management) werden in der Customizing-Tabelle unter der jeweiligen IMG-Aktivität Zuordnungen vorgegeben. Im Beispiel in Abbildung 7.36 sehen Sie die markierten Zuordnungen für SAP Credit Management und die nicht markierten Einträge für SAP Dispute Management. Für die dokumentierte Kreditentscheidung sind die in Abbildung 7.36 gezeigten Zuordnungen im Standard vorhanden.

- Verkaufsbeleg (UKM_SPS_VBAK)
- Auslieferung (UKM_SPS_LIKP)

Ermittlung der Elementart

Objekttyp	Logisches System	Elementart-ID
BKPF		UDM_SPS_BKPF
BSEG		UDM_SPS_BSEG
BUS4498		UDM_SPS_4498
KNA1		UDM_SPS_KNA1
LIKP		UKM_SPS_LIKP
SCASE		UDM_SPS_SCASE
VBAK		UKM_SPS_VBAK
VBRK		UDM_SPS_VBRK

Abbildung 7.36: Zuordnung Belegart (Objekttyp) zu Elementart

Auf übergeordneter Ebene in der Registry ist der Geschäftspartner bereits als Business-Objekt (Business Object Repository (BOR)) zugeordnet. Er bildet in SAP FSCM ein zentrales Stammdatum.

Daraus folgt, dass Geschäftspartner, Verkaufsbeleg und Lieferbeleg für alle Fälle einer dokumentierten Kreditentscheidung stets zur Verfügung stehen.

Status für automatisches Schließen festlegen

In dieser Customizing-Aktivität wird der Status für das automatische Schließen der Fälle zur dokumentierten Kreditentscheidung hinterlegt (siehe Abbildung 7.37). Der Customizing-Pfad ist SPRO • SAP Customizing Einführungsleitfaden • Financial Supply Chain Management • Credit Management • Kreditrisikoüberwachung • Dokumentierte Kreditentscheidung • Status für automatisches Schliessen festlegen. Das automatische Schließen der Fälle wird in der Anwendung als Massentransaktion genutzt.

Status für autom. Schließen einer dok. Kreditentscheidung

Fallart	Bezeichnung der Fallart	Autom. Schließen
FDCD	Dokumentierte Kreditentscheidung	35

Abbildung 7.37 : Status für automatisches Schließen der Fälle

Fallarten festlegen

Unter dem Customizing-Pfad SPRO • SAP CUSTOMIZING EINFÜHRUNGSLEITFADEN • FINANCIAL SUPPLY CHAIN MANAGEMENT • CREDIT MANAGEMENT • KREDITRISIKOÜBERWACHUNG • DOKUMENTIERTE KREDITENTSCHEIDUNG • FALLARTEN FÜR DIE DOKUMENTIERTE KREDITENTSCHEIDUNG FESTLEGEN werden die Fallarten den Verfahren zur Bonitätsermittlung und zum Scoring zugeordnet.

In Abbildung 7.38 finden Sie Beispiele für die Zuordnung.

Fallart für dokumentierte Kreditentscheidung

Art der Kreditentscheidung	Verfahren	Fallart	Bezeichnung der Fallart
BOB Kreditentscheidung zum Beleg	B2B-EXIST	FDCD	Dokumentierte Kreditentscheidung
BOB Kreditentscheidung zum Beleg	B2B-NEW	FDCD	Dokumentierte Kreditentscheidung
BOB Kreditentscheidung zum Beleg	B2C-EXIST	FDCD	Dokumentierte Kreditentscheidung
BOB Kreditentscheidung zum Beleg	B2C-NEW	FDCD	Dokumentierte Kreditentscheidung
BOB Kreditentscheidung zum Beleg	MIG	FDCD	Dokumentierte Kreditentscheidung
BOB Kreditentscheidung zum Beleg	STANDARD	FDCD	Dokumentierte Kreditentscheidung
BOB Kreditentscheidung zum Beleg	Z_MW	FDCD	Dokumentierte Kreditentscheidung
LEG Kreditentscheidung zum Kreditk	STANDARD	FDCD	Dokumentierte Kreditentscheidung

Abbildung 7.38: Zuordnung der Fallarten zu Bonitätsverfahren

Die Bonitätsverfahren und das Scoring wurden bereits in Abschnitt 7.2.1 beschrieben und im Customizing angelegt. Sie stehen hier als Vorauswahl zur Verfügung. Es existieren die Standardfallarten »dokumentierte Kreditentscheidung zum Beleg« (FDCD, siehe Abbildung 7.38) und »dokumentierte Kreditentscheidung zum Konto« (FDCA) der Geschäftspartner. Sie bestimmen mit der Zuordnung zu den Bonitätsverfahren die Bezugsbasis für die Kreditentscheidung.

Genehmigungsablauf festlegen

Mit dieser Customizing-Aktivität geben Sie Genehmigungsberechtigte und Schwellenwerte zum Kreditsegment an. In Abbildung 7.39 finden Sie ein Beispiel für mögliche Einträge. Die Währung kann zusätzlich festgelegt werden.

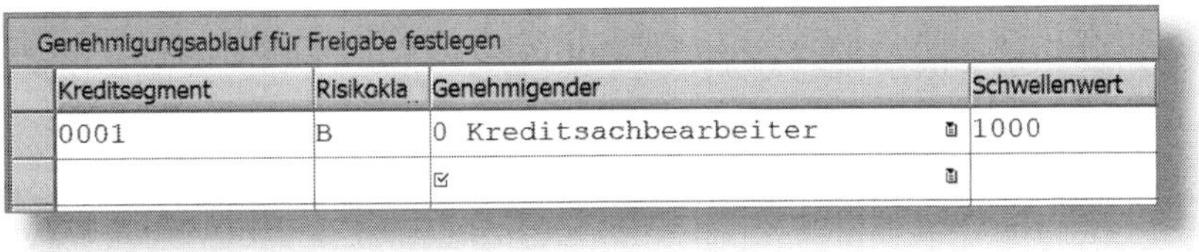

Genehmigungsablauf für Freigabe festlegen

Kreditsegment	Risikokla	Genehmigender	Schwellenwert
0001	B	0 Kreditsachbearbeiter	1000

Abbildung 7.39: Genehmigender

Der zugehörige Customizing-Pfad lautet SPRO • SAP Customizing Einführungsleitfaden • Financial Supply Chain Management • Credit Management • Kreditrisikoüberwachung • Dokumentierte Kreditentscheidung • Genehmigungsablauf festlegen.

PDF-Formulare für die Momentaufnahme

Formulare für die *Momentaufnahme* dienen der Dokumentation negativer Kreditentscheidungen. Sie können z. B. Daten zum Konto enthalten und mit weiteren Informationen angereichert sein. Sie legen unter der Customizing-Aktivität Formulare erstellen Ihre Formulare an und binden diese dann wie gewohnt ein. Darüber hinaus können Sie Ihre Formulare auch für die Korrespondenz verwenden. Unter der Customizing-Aktivität Formulare zuordnen werden den verschiedenen Fallarten und Verfahren die jeweiligen Formulare zugewiesen. Formulare sind für den internen oder externen Gebrauch einsetzbar. Wenn zu einer Kombination aus Fallart und Verfahren sowohl ein internes als auch ein externes Formular zugeordnet werden soll, müssen Sie zwei Einträge in der Tabelle vornehmen.

In Abbildung 7.40 sehen Sie ein Beispiel für die Formulareinträge zu externen Formularen.

PDF-Formulare für dokumentierte Kreditentscheidung

Fallart	Verfahren	Internes Formular	Formular
FDCA	STANDARD	☐	UKM_DCD_SNAPSHOT_B2C
FDCD	B2B-EXIST	☐	UKM_DCD_SNAPSHOT_B2C
FDCD	B2B-NEW	☐	UKM_DCD_SNAPSHOT_B2C
FDCD	B2C-EXIST	☐	UKM_DCD_SNAPSHOT_B2C
FDCD	B2C-NEW	☐	UKM_DCD_SNAPSHOT_B2C
FDCD	MIG	☐	UKM_DCD_SNAPSHOT_B2C
FDCD	STANDARD	☐	UKM_DCD_SNAPSHOT_B2B
FDCD	Z_MW	☐	UKM_DCD_SNAPSHOT_B2C

Abbildung 7.40: Formulare für Momentaufnahme zuordnen

Alle Einstellungen zur Momentaufnahme finden Sie unter dem Customizing-Pfad SPRO • SAP Customizing Einführungsleitfaden • Financial Supply Chain Management • Credit Management • Kreditrisikoüberwachung • Dokumentierte Kreditentscheidung • PDF - Formulare für Momentaufnahme.

Die wichtigste Einstellung für die dokumentierte Kreditentscheidung ist die Hinterlegung der Ereignisse und Folgeprozesse. Hierfür ist keine manuelle Erstellung vorgesehen. Die automatische Erstellung setzt allerdings die Ereignissteuerung für den Prozess zur Erstellung der dokumentierten Kreditentscheidung voraus, der als Beispiel in Abschnitt 7.2.8 beschrieben ist. In Abschnitt 7.2.7 finden Sie die Customizing-Aktivitäten zu Ereignissen und Folgeprozessen.

7.2.6 Obligofortschreibung

Die Obligofortschreibung hat wesentlichen Einfluss auf die richtige Kreditentscheidung. Sie finden die dafür vorzunehmenden Einstellungen unter dem Customizing-Pfad SPRO • SAP Customizing Einführungsleitfaden • Financial Supply Chain Management • Credit Management • Kreditrisikoüberwachung • Obligofortschreibung • Obligotypen definieren.

Mit der Bearbeitung der Obligos auf Basis der Komponenten FI und SD werden die Forderungen gegenüber den Geschäftspartnern berechnet. Die Berichte greifen auf die hier hinterlegten Festlegungen zu. Sie sind frei in der Ergänzung der vorhandenen Obligotypen um Ihre eigenen Obligotypen. Ihre eigenen Ergänzungen tragen Sie in die Tabelle (siehe Abbildung 7.41) ein und definieren, ob und wie diese in die Bestimmung der offenen Forderungen und die Beurteilung des Kreditlimits eingehen sollen. In der Spalte LIMITREL kennzeichnen Sie Obligos als normales (Leerfeld) oder statistisches (*S*) Obligo. Letzteres hat keine Auswirkungen auf die Berechnung der Forderungen.

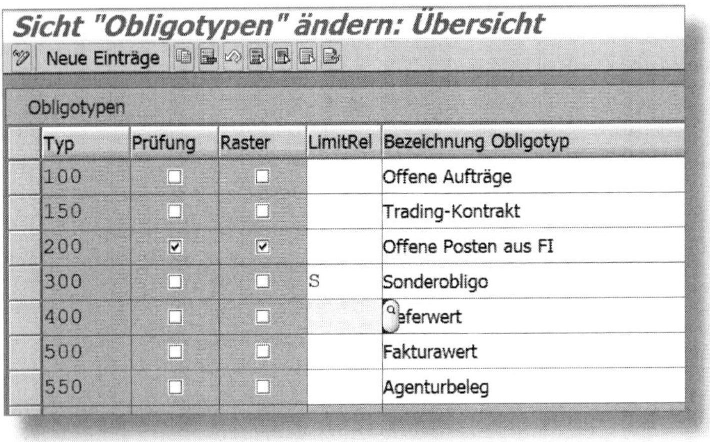

Typ	Prüfung	Raster	LimitRel	Bezeichnung Obligotyp
100	☐	☐		Offene Aufträge
150	☐	☐		Trading-Kontrakt
200	☑	☑		Offene Posten aus FI
300	☐	☐	S	Sonderobligo
400	☐	☐		eferwert
500	☐	☐		Fakturawert
550	☐	☐		Agenturbeleg

Abbildung 7.41: Bearbeitung der Obligotypen

Die in der Tabelle enthaltenen Obligotypen geben den Standard wieder. Das Setzen der Kennzeichen PRÜFUNG und RASTER hat folgende Auswirkungen:

- Wenn das Kennzeichen PRÜFUNG gesetzt ist, wird der Posten Obligo unabhängig vom Zeithorizont als fällig betrachtet. Wenn das Kennzeichen nicht gesetzt ist, wird der Zeithorizont der Fälligkeit berücksichtigt.

- Wenn das Kennzeichen RASTER gesetzt ist, werden überfällige Posten bei der (Überfälligkeits-)Rasterung berücksichtigt.

7.2.7 Prozesse

In der Customizing-Aktivität für Ereignisse und Folgeprozesse definieren Sie Prozesse in SAP Credit Management und die zugehörigen Ereignisse. Zusätzlich werden darüber auch Abhängigkeiten zwischen Prozessen, deren Abfolge und Folgeereignisse gesteuert. Die Standardmöglichkeiten selektieren Sie aus der Wertehilfe. Wenn Prozesse und Ereignisse systemübergreifend gesteuert werden sollen, geschieht das über die PI/XI-Schnittstelle. Die dafür notwendige Systemintegration wird vorausgesetzt. Für die Integration von Fremdanbietern, z. B. Wirtschaftsdiensten, Dienstleistern, müssen Sie sicherstellen, dass diese in die PI/XI-Infrastruktur eingebunden sind. Vorzugsweise geht es bei der Einbindung von Drittanbietern um die Weitergabe von Kreditinformationen. Die Schnittstelle zu externen Systemen heißt CreditWorthinessChangeNotification_Out (Event des SAP Credit Management).

Die Customizing-Aktivität zu den Ereignissen und Folgeprozessen finden Sie über den Pfad SPRO • SAP CUSTOMIZING EINFÜHRUNGSLEITFADEN • FINANCIAL SUPPLY CHAIN MANAGEMENT • CREDIT MANAGEMENT KREDITRISIKOÜBERWACHUNG • PROZESSE • EREIGNISSE UND FOLGEPROZESSE HINTERLEGEN.

Sie sehen in Abbildung 7.42 den Prozess *interne Bonität geändert*, der die Folgeaktivität *Risikoklasse ermitteln* auslöst. Diese bedingt wiederum eine Pflege der Geschäftspartnerstammdaten (*MAINTAIN Pflege Geschäftspartner*). Die Bearbeitung für den Folgeprozess sehen Sie in Abbildung 7.43.

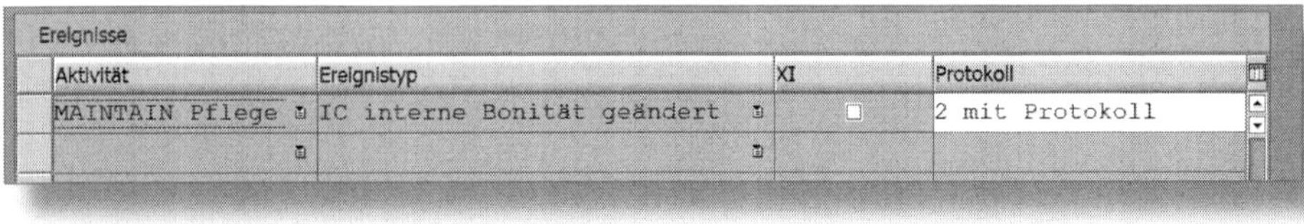

Abbildung 7.42: Ereignis »interne Bonität geändert«

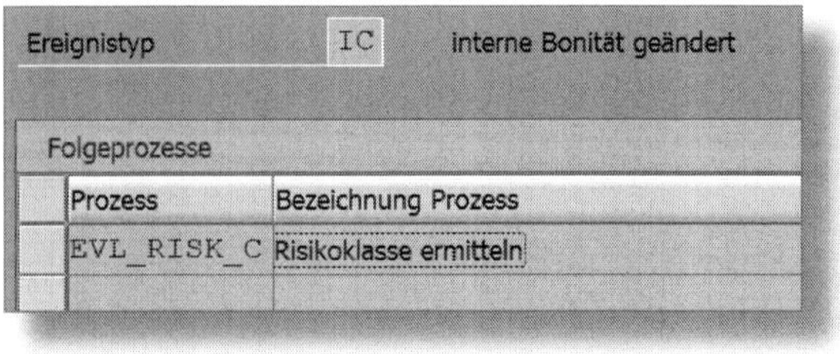

Abbildung 7.43: Folgeereignis »Risikoklasse ermitteln«

Für Ihre eigene betriebliche Prozesssteuerung wählen Sie aus zahlreichen Vorgabewerten und legen diese unter oben genanntem Pfad fest. Für externe Systeme wird in Abbildung 7.42 das Kennzeichen in der Spalte XI gesetzt. Wenn Sie eine detailliertere Gliederung oder Steuerung benötigen, steht das BAdI FOLGEPROZESSE ZUM EREIGNIS zur Verfügung. Sie finden es unter dem nächsten Customizing-Punkt ERWEITERUNGEN.

Im Standard wird für die Folgeprozesse zum Ereignis die in Tabelle 7.3 dargestellte Abfolge der Prozesse empfohlen. Die Bezeichnungen »Tabelle 1« und »Tabelle 2« wurden den Beschreibungen der Firma SAP SE entnommen. Tabelle 1 (siehe Tabelle 7.3) liefert die Schlüssel für den Folgeprozess als Erläuterung zu Tabelle 2 (siehe Tabelle 7.4). Tabelle 2 gibt eine Übersicht zu den Ereignissen und kombinierbaren Folgeprozessen, die in der Customizing-Aktivität EREIGNISSE UND FOLGEPROZESSE HINTERLEGEN im Bild FOLGEPROZESSE einzutragen sind.

Zuordnungsnummer für Folgeprozess (Tabelle 2)	Bezeichnung Folgeprozess	Schlüssel Folgeprozess
1	Kreditlimit eines Kontos ermitteln	EVL_LIMIT
2	Kreditlimits aller Konten eines Partners ermitteln	EVL_LIMITS
3	Interne Bonität ermitteln	EVL_RATING
4	Externe Bonität(en) ermitteln	EVL_EXT_RT
5	Kreditlimit eines Kontos validieren	INV_LIMIT
6	Kreditlimits aller Konten eines Partners validieren	INV_LIMITS
7	Interne Bonität invalidieren	INV_RATING
8	Business-Add-in aufrufen	BADI
9	Kennzeichen »besondere Aufmerksamkeit« setzen	SET_FLAG
10	Geschäftspartner im Kreditsegment sperren	SET_BLOCK
11	Kreditprüfung ausführen	CRD_RECHCK
12	Anforderung einer Limitänderung prüfen	LIMIT_REQ
13	Workflow starten	WF
14	Obligo in richtiger Reihenfolge verarbeiten	RESEQUENCE_ITEM
15	Dokumentierte Kreditentscheidung zum Konto anlegen oder fortschreiben	DCD_CREATE

Tabelle 7.3: Tabelle 1 – Schlüssel des Folgeprozesses

Ereignis	Wert	Folgeprozess gemäß Zuordnungsnummer aus Tabelle 1														
		1	2	3	4	5	6	7	8	9	10	11	12	13	14	15
Interne Bonität ungültig	IS			x			x		x					x		
Interne Bonität geändert	IC		x				x		x					x		
Externe Bonität ungültig	ES				x			X	x					x		
Externe Bonität geändert	EC			x			x	X	x					x		
Kreditlimit ungültig	CL	x							x	x				x		
Kreditlimit geändert	LC								x	x		x		x		
Kreditlimitänderung angefordert	LR								x				x	x		
Kredit abgelehnt	CF								x	x				x		
Kennzahlen zum Zahlungsverhalten: Mahndaten ungültig	VD								x	x				x		
Kennzahlen zum Zahlungsverhalten: Fälligkeitsdaten ungültig	VO								x	x				x		
Kennzahlen zum Zahlungsverhalten: Zahlungsdaten ungültig	VP								x	x				x		
Kennzahlen zum Zahlungsverhalten: Zahlverhaltensindex ungültig	VX								x	x				x		
Generisches Event ist aufgetreten	GE	x	x	x	x	x	x	x	x	x	x	x		x		
Regel für Bonitäts- und Limitbest. geändert	RC	x	x	x	x	x	x	x	x					x		

Ereignis	Wert	Folgeprozess gemäß Zuordnungsnummer aus Tabelle 1														
		1	2	3	4	5	6	7	8	9	10	11	12	13	14	15
Risikoklasse geändert	XC	x	x			x	x		x					x		
Limitausschöpfung geändert	UC	x							x		x			x		
Limitausschöpfung hat jetzt 100 % überschritten	UU	x				x	x		x	x	x			x		
Limitausschöpfung hat jetzt 100 % wieder unterschritten	du	x							x					x		
Kennzahlen zum Zahlungsverhalten geändert	VC	x	x	x		x	x	x	x			x		x		
Prüfverfahren geändert	TC								x			x		x		
Fehler bei Obligo- oder Einzelpostenobligofortschreibung	CE								x					x		
Fehler bei Reihenfolge	CS														x	
Sperre im Kreditmanagement gesetzt	BL								x					x		x
Besondere Aufmerksamkeit gesetzt	SP								x					x		

Tabelle 7.4: Tabelle 2 – Ereignistabelle

Diese Kombinationen bieten Ihnen eine sehr gute Basis für die Prozessgestaltung und stellen eine große Arbeitserleichterung dar.

7.2.8 Erweiterungen

Selbst im SAP-Standard benötigen Sie Erweiterungen, um den vollen Funktionsumfang von SAP Credit Management nutzen zu können.

Viele Erweiterungen für die Kreditüberwachung finden Sie unter dem Customizing-Pfad SPRO • SAP Customizing Einführungsleitfaden • Financial Supply Chain Management • Credit Management • Kreditrisikoüberwachung • Erweiterungen. Insbesondere für die Integration mit dem Vertrieb gibt es aber noch zahlreiche weitere.

Anhand des nachfolgenden Beispiels einer fehlenden dokumentierten Kreditentscheidung zeige ich Ihnen die Fehlersuche für das nicht gefundene Kreditkonto.

Fehleranalyse – Kreditkonto wird nicht gefunden

zB

Die Kreditprüfung ist wegen Überschreitung des Kreditlimits fehlgeschlagen. Der Beleg wurde gesperrt und das Obligo wurde nicht fortgeschrieben. Es ist keine dokumentierte Kreditentscheidung angelegt. Allerdings liegt Ihnen ein positives Ergebnis in der Transaktion *UKM_MASS_UPD3* vor. Das Protokoll gibt an, dass sich alles im grünen Bereich befindet. Hier werden Geschäftspartner und Kreditkonto selektiert und gefunden.

Die erste schnelle Analyse der Einstellungen im Customizing ergibt, dass das Kreditkonto in SD nicht gefunden wird – obwohl Ihr Customizing vollständig ist. Daher prüfen Sie in einer tiefergehenden Analyse die Implementierungsschritte zur Kreditkontenfindung und sehen, dass die Kreditprüfung auf alte Felder und Tabellen erfolgt. Die Debitorenfelder in FI-AR zur Kreditprüfung werden jedoch nicht mehr im neuen Kreditmanagement genutzt. Sie betreiben Ursachenforschung: In der Transaktion *SFW5* sind alle Funktionen aktiv. In einem nächsten Schritt stellen Sie fest, dass Programmteile veraltet sind und neue Programmteile (BAdI, Erweiterungen) seitens SAP zur Verfügung gestellt wurden.

Sie prüfen anschließend zur Sicherheit im System von SAP Credit Management die Einstellungen zur dokumentierten Kreditentscheidung über den Pfad SPRO • SAP Customizing Einführungsleitfaden • Financial Supply Chain Management • Credit Management • Kreditrisikoüberwachung • Dokumentierte Kreditentscheidung.

Die wichtigste zusätzliche Customizing-Einstellung mit dem neuen Kreditmanagement ist die Ereignissteuerung für den Folgeprozess. Die Ereignissteuerung heißt hier »Kreditlimitprüfung« und der Folgeprozess ist das Anlegen als Fall »dokumentierte Kreditentscheidung« zum Beleg im Vertrieb oder Verkauf. Sie erreichen die zugehörige Customizing-Aktivität über SPRO • SAP CUSTOMIZING EINFÜHRUNGSLEITFADEN • FINANCIAL SUPPLY CHAIN MANAGEMENT • CREDIT MANAGEMENT • KREDITRISIKOÜBERWACHUNG • PROZESSE • EREIGNISSE UND FOLGEPROZESSE HINTERLEGEN.

Im Einstiegsbild (siehe Abbildung 7.44) der IMG-Aktivität wird die AKTIVITÄT *Kreditlimitprüfung* mit dem EREIGNISTYP *im Kreditmanagement gesperrt* als Voraussetzung definiert. Die Aktivität ist durch Überschreiten des Kreditlimits aufgetreten. Diesen Prozess haben Sie auf dem Weg durch das Customizing definiert.

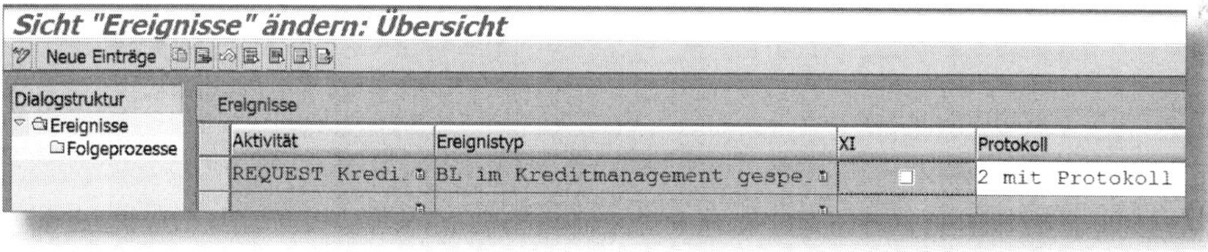

Abbildung 7.44: Ereignis für Anlage »DCD1«

Als FOLGEPROZESS bestimmen Sie das *Anlegen der dokumentierten Kreditentscheidung* (siehe Abbildung 7.45).

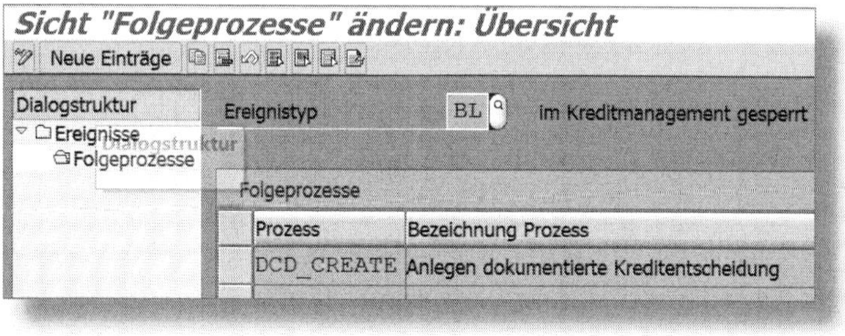

Abbildung 7.45: Ereignis für Anlage »DCD2«

Es steht Ihnen frei, einen mehrstufigen Prozess zu definieren oder die Obligoprüfung bzw. die Limitausschöpfung als direkten Vorgänger. Ein möglicher Folgeprozess kann auch die automatische Erstellung eines Kreditlimitfalls sein. Die vorgestellten Einträge sind Beispiele.

Vorschlagswerte für die Eingabefolge

Seitens SAP existieren Vorschläge für gut funktionierende, unterstützte Ereignisse und Folgeprozesse zur IMG-Aktivität Ereignisse und Folgeprozesse hinterlegen (siehe Tabellen am Ende von Abschnitt 7.2.7).

Danach prüfen Sie die Einstellungen im Vertriebssystem über den Pfad SPRO • SAP Customizing Einführungsleitfaden • Financial Supply Chain Management • Credit Management • Integration mit der Debitorenbuchhaltung und dem Vertrieb • Integration mit dem Vertrieb • BAdI: Aktivierung des SAP Credit Management. Sie stellen fest, dass Sie die Methode DCD_ACTIVATE des BAdI UKM_R3_ACTIVATE implementiert haben. Die Daten für die dokumentierte Kreditentscheidung werden via BAdI_SCM_CM zur Verfügung gestellt. Sie finden das BAdI über den Pfad SAP Customizing Einführungsleitfaden • Financial Supply Chain Management • Credit Management • Integration mit der Debitorenbuchhaltung und dem Vertrieb • Integration mit dem Vertrieb • Kundenerweiterungen • BAdI: Anbindung des Vertriebs an SAP Credit Management. SAP empfiehlt für dieses BAdI die Implementierung UKM_SD_FSCD_INTEGR1. Alternativ können Sie Ihre eigene Implementierung zur dokumentierten Kreditentscheidung verwenden.

Zur Änderung dokumentierter Kreditentscheidungen vor dem Versenden steht Ihnen ein weiteres BAdI zur Verfügung, das Sie über den Pfad SAP Customizing Einführungsleitfaden • Financial Supply Chain Management • Credit Management • Integration mit der Debitorenbuchhaltung und dem Vertrieb • Integration mit dem Vertrieb • Kundenerweiterungen • BAdI: Versenden einer

DOKUMENTIERTEN KREDITENTSCHEIDUNG aufrufen. Bitte beachten Sie, dass Sie nicht nur beim Versenden, sondern auch beim Empfangen Änderungen vornehmen können. Die Arbeitsschritte setzen sich aus sehr vielen Teilschritten zusammen. Ich zeige Ihnen nachfolgend die einzelnen Schritte.

Im **ersten Schritt** erfolgt die Anbindung des Vertriebs an SAP Credit Management (siehe Abbildung 7.46).

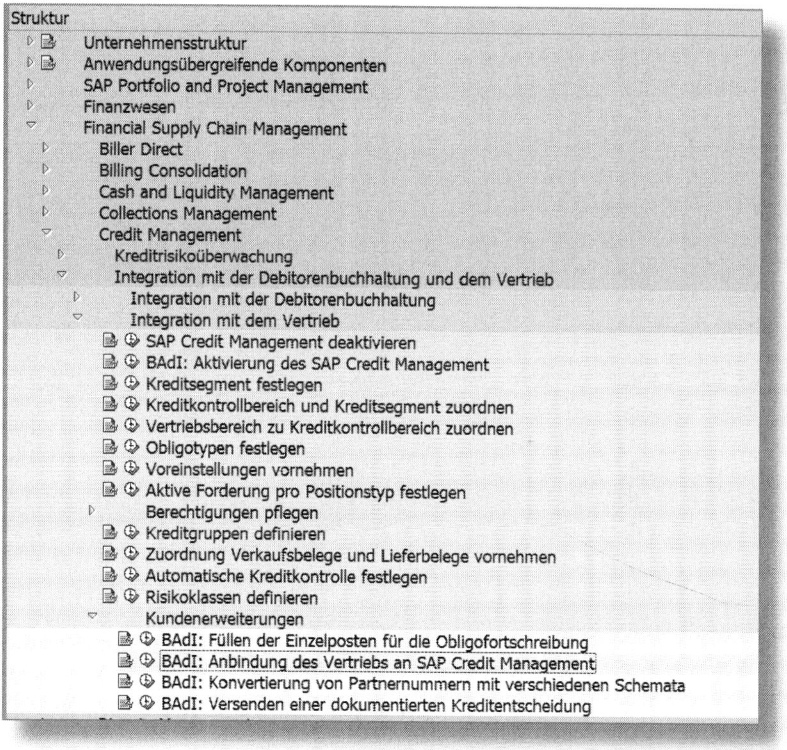

Abbildung 7.46: BAdI »Anbindung des Vertriebs«

Damit werden Methoden zur Obligoprüfung und Kreditprüfung zur Verfügung gestellt. Im Einzelnen sind dies die in Tabelle 7.5 aufgelisteten Methoden.

Methode	Beschreibung
FSCM_CREDIT_CHECK_ORDER	Kreditprüfung im Auftrag
FSCM_ CREDIT_CHECK_DELVRY	Kreditprüfung in der Lieferung
FSCM_ CREDIT_CHECK_SM_ORDER	Kreditprüfung im Servicebeleg
FSCM_COMMITMENT_UPDATE_ORDER	Obligofortschreibung im Auftrag
FSCM_COMMITMENT_UPDATE_DELVRY	Obligofortschreibung in der Lieferung
FSCM_COMMITMENT_UPDATE_INVOICE	Obligofortschreibung in der Faktura
FSCM_GET_MASTER_DATA_	Kundenstammdaten lesen
FSCM_DISPLAY_CREDIT_MESSAGES	Kreditmeldungen anzeigen
FSCM_GET_ACCOUNT_KEY	FSCM Kreditkonto lesen (wird im Workcenter verwendet)
FSCM_GET_ACCOUNT_DATA	FSCM Kreditkontendaten lesen (wird im Workcenter verwendet)

Tabelle 7.5: BAdI-Anbindung an Vertrieb – Methoden

Die Aktivierung des BAdI ist optional. Es wird mit der inaktiven Implementierung UKM_SD_FSCM_INTEGR1 ausgeliefert. Bei Verwendung des Enterprise Portal mit dem Work Center ist die Aktivierung zwingend erforderlich. Alle Einzelheiten sind für Programmierer in der Dokumentation zur IMG-Aktivität beschrieben. Als Beispiel wird die Implementierung für das BAdI UKM_SD_FSCM_INTEGR1 hinsichtlich der Obligotypen beschrieben.

Als **zweiter Schritt** wäre das BAdI Aktivierung des SAP Credit Management (siehe Abbildung 7.47) zu implementieren – auch dies ist optional. Sie benötigen es z. B. für den Einsatz von Fremdsystemen. In Abschnitt 7.3.2 lesen Sie mehr zu den Hintergründen. Sie finden das BAdI über den Pfad SAP Customizing Einführungsleitfaden • Financial Supply Chain Management • Credit Management • In-

TEGRATION MIT DER DEBITORENBUCHHALTUNG UND DEM VERTRIEB • INTEGRATION MIT DEM VERTRIEB • BADI: AKTIVIERUNG DES SAP CREDIT MANAGEMENT.

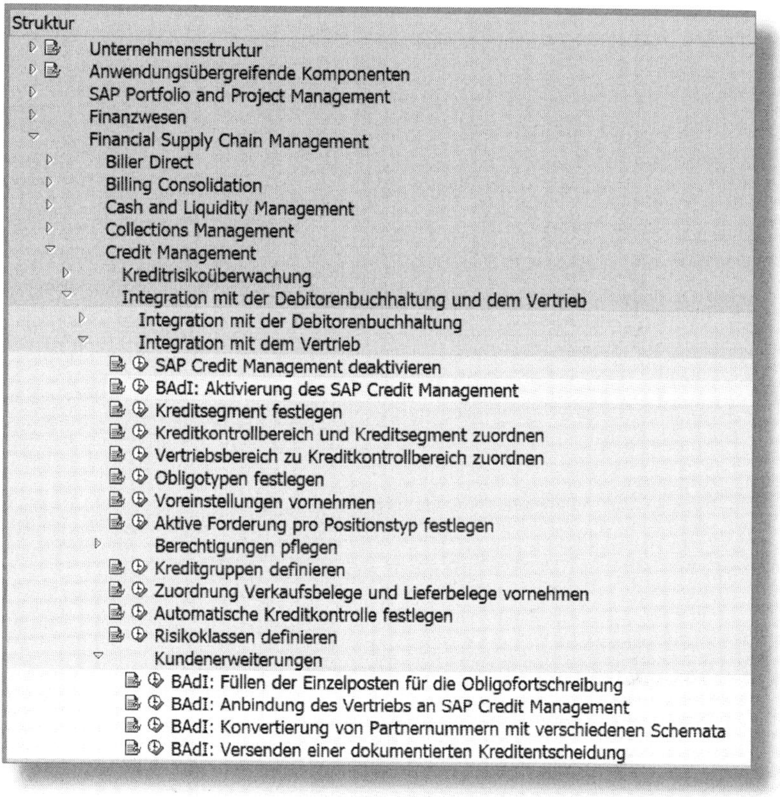

Abbildung 7.47: BAdI »Aktivierung des SAP Credit Management«

Über dieses BAdI passen Sie die Obligoschreibung an und korrigieren auch Fehler. Sie legen fest, was wie und in welches System geschrieben wird. Wenn Sie keine Implementierung durchführen, wirken die folgenden Standardwerte:

- SET_ACTIVE (E_ACTIVE_FLAG = 'X' E_ERP2005 = 'X') nicht änderbar
- FI_AR_UPDATE_MODE (E_READ_VIEW = 'X')

- DCD_ACTIVE (E_DCD_ACTIVE = 'X') nicht änderbar
- GET_RFCDEST_FSCM (C_RFCDEST = space)
- NO_SLD (E_NO_SLD = 'X')

Wir haben in unserer Einsystemlandschaft keine Implementierung vorgenommen.

Der **dritte und letzte Schritt** ist die Versendung der dokumentierten Kreditentscheidung (siehe Abbildung 7.48). Das dafür zuständige BAdI finden Sie über den Pfad SAP CUSTOMIZING EINFÜHRUNGSLEITFADEN • FINANCIAL SUPPLY CHAIN MANAGEMENT • CREDIT MANAGEMENT • INTEGRATION MIT DER DEBITORENBUCHHALTUNG UND DEM VERTRIEB • INTEGRATION MIT DEM VERTRIEB • KUNDENERWEITERUNGEN • BADI: VERSENDEN EINER DOKUMENTIERTEN KREDITENTSCHEIDUNG.

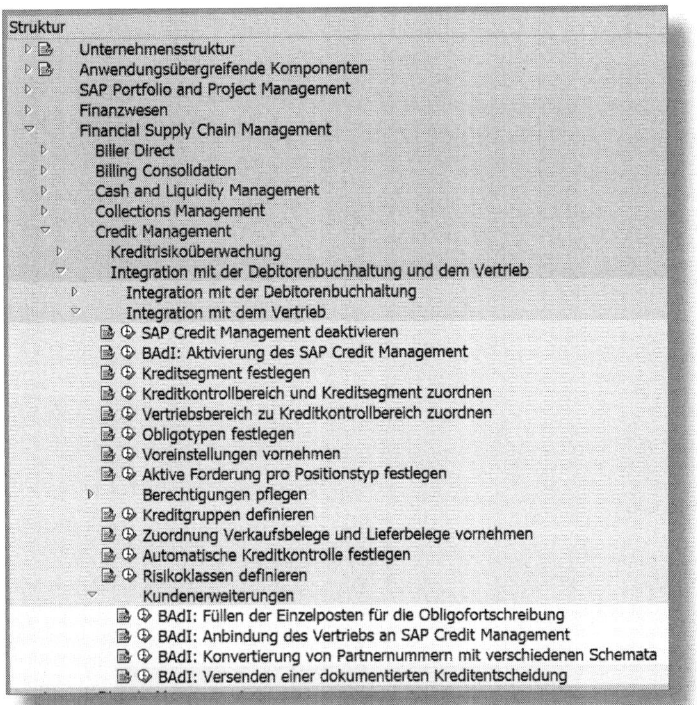

Abbildung 7.48: BAdI »Versenden einer dokumentierten Kreditentscheidung«

Wie zu Beginn dieses Abschnitts beschrieben, ändern Sie mit diesem BAdI den Inhalt einer dokumentierten Kreditentscheidung vor dem Versenden und vor dem Empfangen. Darüber hinaus ermöglicht es Ihnen, die Steuerung der Verarbeitung anzupassen. Die Betrachtung dieses BAdI mit SAP NetWeaver eröffnet Ihnen Freiheiten in der Kommunikation. Mir erschien in unserem Beispiel eine Implementierung hilfreich, insbesondere weil wir keine freie Erstellung der dokumentierten Kreditentscheidung im Fallmanagement vornehmen können. Dies stellt einen wesentlichen Unterschied zur Bearbeitung des Kreditlimitantrags dar.

7.3 Integration mit den Komponenten FI-AR und SD

7.3.1 Integration mit der Debitorenbuchhaltung

SAP Credit Management deaktivieren

Unter dem Customizing-Pfad SPRO • SAP Customizing Einführungsleitfaden • Financial Supply Chain Management • Credit Management • Integration mit der Debitorenbuchhaltung • SAP Credit Management deaktivieren haben Sie die Möglichkeit, SAP Credit Management zu deaktivieren. Es gibt verschiedene Szenarien, die dieses Vorgehen rechtfertigen, wie z. B. folgende:

- Umstellung der Kontokorrentbuchhaltung
- Einsatz einer Industrielösung
- Unverträglichkeiten der Systemlösungen

BAdI »Aktivierung des SAP Credit Management«

Ob Sie dieses BAdI parallel zur Aktivierung des SAP Credit Management installieren möchten, hängt von Ihren spezifischen Migrationsszenarien und Einsatzbedingungen ab. Im Standard ist es inaktiv.

Kreditsegment festlegen

Hier werden die für die Debitorenbuchhaltung relevanten Kreditsegmente eingetragen. Diese sind Voraussetzung für die richtige Zuordnung zum Kreditkontrollbereich und für die Kreditlimitpflege.

Der Customizing-Pfad ist: SPRO • SAP CUSTOMIZING EINFÜHRUNGSLEITFADEN • FINANCIAL SUPPLY CHAIN MANAGEMENT • CREDIT MANAGEMENT • INTEGRATION MIT DER DEBITORENBUCHHALTUNG • KREDITSEGMENT FESTLEGEN.

Die Kreditsegmente werden hier analog zu den bereits in den Stammdaten hinterlegten Kreditsegmenten gepflegt. In unserem Beispiel wurde für spätere Auswertungen auch das Hauptsegment mit eingetragen. Dies hat sich in der Praxis bewährt, da Sie nur dann in SAP Credit Management einen Überblick zum Kreditrisiko Ihrer gesamten Firma erhalten.

Kreditkontrollbereich und Kreditsegment zuordnen

Unter SPRO • SAP CUSTOMIZING EINFÜHRUNGSLEITFADEN • FINANCIAL SUPPLY CHAIN MANAGEMENT • CREDIT MANAGEMENT • INTEGRATION MIT DER DEBITORENBUCHHALTUNG • KREDITKONTROLLBEREICH UND KREDITSEGMENT ZUORDNEN wird die komponentenintegrierte Zuordnung der Verwaltungsdaten vorgenommen, indem Kreditkontrollbereich und Kreditsegment verknüpft werden. Zusätzlich erfolgt die Verwaltung buchungskreisübergreifend (also gültig für alle Buchungskreise) oder buchungskreisbezogen (Kennzeichen ist nicht gesetzt). Die Zuordnung der Buchungskreise erfolgt in einer späteren Customizing-Aktivität. In Abbildung 7.49 sehen Sie ein Beispiel, das an die Stammdateneinträge für die FSCM-Kreditsegmente zum Geschäftspartner angepasst wurde. Für die Fortschreibung wurden die offenen Auftrags- und Fakturawerte unter Berücksichtigung des Zeithorizonts im Feld FORTSCHR mit dem Wert *Schlüssel 000012 Off. Auftragswert auf der Zeitachse, Liefer- und Fakturawert* gewählt (siehe Abbildung 7.49).

Kreditkontrollbereich und Segment

KKBr	Bezeichnung	Währg	Alle BuchKreise	KrSegment	Fortschr
0000	Hauptkreditkontrollbereich	EUR	☑	0000	keine Fortschreibung aus SD-Belege
0001	Kreditkontrollbereich 1	EUR	☑	0001	000012 Off. Auftragswert auf der Ze
0002	Kreditkontrollbereich 2	EUR	☑	0002	000012 Off. Auftragswert auf der Ze
0003	Kreditkontrollbereich 3	EUR	☑	0003	000012 Off. Auftragswert auf der Ze

Abbildung 7.49: Zuordnung Kreditsegment zu Kreditkontrollbereich

Obligotypen festlegen

Über den Customizing-Pfad SPRO • SAP CUSTOMIZING EINFÜHRUNGSLEITFADEN • FINANCIAL SUPPLY CHAIN MANAGEMENT • CREDIT MANAGEMENT • INTEGRATION MIT DER DEBITORENBUCHHALTUNG • KREDITKONTROLLBEREICH UND KREDITSEGMENT ZUORDNEN bearbeiten Sie die Obligotypen, die zugelassen werden sollen. Abbildung 7.50 zeigt den Standard, der fast immer passt.

Pflegeview Commitments

Typ	Bezeichnung Obligotyp
100	Offene Aufträge
200	Offene Posten aus FI
300	Strittige Posten
400	Lieferwert
500	Fakturawert

Abbildung 7.50: Standardobligotypen

Zuordnung Buchungskreis – erlaubte Kreditkontrollbereiche

Die Zuordnung der oben definierten Kreditkontrollbereiche zu Buchungskreisen nehmen Sie über diesen Customizing-Pfad vor: SPRO • SAP CUSTOMIZING EINFÜHRUNGSLEITFADEN • FINANCIAL SUPPLY CHAIN MANAGEMENT • CREDIT MANAGEMENT • INTEGRATION MIT DER DEBITORENBUCHHALTUNG • ZUORDNUNG BUCHUNGSKREIS – ERLAUBTE KREDITKONTROLLBEREICHE.

Abstimmkonten ohne Kreditmanagement-Fortschreibung hinterlegen

Das Abstimmkonto ist im Stammsatz des Debitors hinterlegt. Hier werden die Forderungen fortgeschrieben und normalerweise die Einstellung NICHT EINGABEBEREIT gewählt. Wenn jetzt im Rahmen von SAP Credit Management die Abstimmkonten mit oder ohne Kreditmanagement bebucht werden sollen, müssen Sie die Einstellung auf EINGABEBEREIT ändern. Dies geschieht in den Feldgruppen zum Bildaufbau. Für die Änderung der Eingabebereitschaft zum Abstimmkonto nutzen Sie den folgenden Customizing-Pfad:

SPRO • SAP CUSTOMIZING EINFÜHRUNGSLEITFADEN • FINANZWESEN • HAUPTBUCHHALTUNG • STAMMDATEN • SACHKONTEN • VORARBEITEN • KONTENGRUPPE DEFINIEREN.

Die Hinterlegung der Abstimmkonten ohne Kreditmanagement-Fortschreibung erreichen Sie über den Customizing-Pfad SPRO • SAP CUSTOMIZING EINFÜHRUNGSLEITFADEN • FINANCIAL SUPPLY CHAIN MANAGEMENT • CREDIT MANAGEMENT • INTEGRATION MIT DER DEBITORENBUCHHALTUNG • ABSTIMMKONTO OHNE KREDITMANAGEMENT-FORTSCHREIBUNG HINTERLEGEN.

Ein Abstimmkonto ohne Fortschreibung im Kreditmanagement wählen Sie z. B. für sichere Forderungsarten, Länder mit sicherem Forderungseingang, bestimmte Kundengruppen oder auch für sichere Rechnungsabgrenzungsposten.

Kundenerweiterungen

Für die Integration des SAP Credit Management mit der Debitorenbuchhaltung stehen folgende Erweiterungen zur Verfügung:

- BAdI FÜLLEN DER EINZELPOSTEN FÜR DIE OBLIGOFORTSCHREIBUNG
- Berechnung der Kennzahlen zum Zahlungsverhalten
- BAdI KONVERTIERUNG VON PARTNERNUMMERN MIT VERSCHIEDENEN SCHEMATA

7.3.2 Integration mit dem Vertrieb

Die Integration von SAP Credit Management ist sehr umfangreich. Trotz sich wiederholender Einstellungsaktivitäten im Customizing müssen fast alle Punkte durchlaufen werden, um eine reibungslose Integration mit der SAP-Komponente SD zu gewährleisten.

SAP Credit Management deaktivieren

Da die Einstellungen zeitlich unabhängig von der Integration mit der Debitorenbuchhaltung durchgeführt werden können, möchte ich diese im Folgenden beschreiben. Die Deaktivierung des SAP Credit Management wird nur in Ausnahmefällen vorgenommen, wie z. B. bei einem Wechsel der Kontokorrentbuchhaltung oder der Industrielösung. Sie finden die Deaktivierung unter dem Customizing-Pfad SPRO • SAP CUSTOMIZING EINFÜHRUNGSLEITFADEN • FINANCIAL SUPPLY CHAIN MANAGEMENT • CREDIT MANAGEMENT • INTEGRATION MIT DEM VERTRIEB • SAP CREDIT MANAGEMENT DEAKTIVIEREN.

Abbildung 7.51 zeigt die aktive Variante.

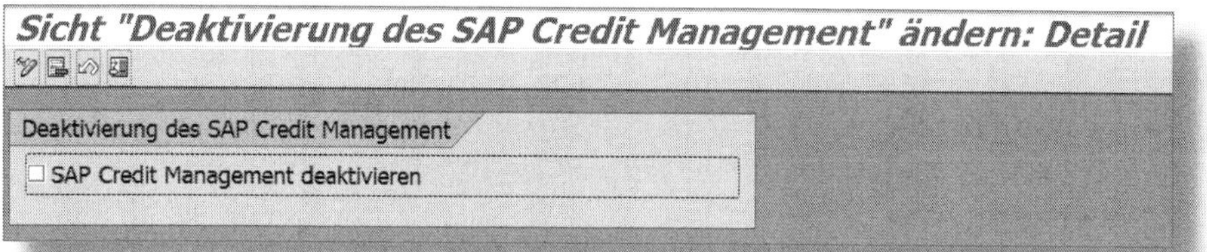

Abbildung 7.51: Aktive Integration des SAP Credit Management mit SD

BAdI »Aktivierung des SAP Credit Management«

Wie auch für die Integration mit der Debitorenbuchhaltung gibt es für die Integration des SAP Credit Management mit dem Vertrieb ein BAdI, über das Sie die Obligofortschreibung bei einer Migration oder bei Fremddatenübernahmen mit Vergangenheitsbetrachtung beeinflussen können. Bei erstmaligem Einsatz des SAP Credit Management wird das BAdI selten benötigt. Das Obligo wird automatisch neu aufgebaut.

Kreditsegment festlegen

Über den Customizing-Pfad SPRO • SAP CUSTOMIZING EINFÜHRUNGSLEITFADEN • FINANCIAL SUPPLY CHAIN MANAGEMENT • CREDIT MANAGEMENT • INTEGRATION MIT DEM VERTRIEB • KREDITSEGMENT FESTLEGEN werden die Kreditsegmente hinterlegt. Sie waren sehr gewissenhaft und haben bei der Integration mit der Debitorenbuchhaltung alle Einträge vorgenommen. Herzlichen Glückwunsch! Sie sehen Ihre bereits hinterlegten Einträge und können diesen Punkt abhaken.

Kreditkontrollbereich und Kreditsegment zuordnen

Auch dieser Customizing-Punkt war bereits im Rahmen der Integration mit der Debitorenbuchhaltung zu bearbeiten. Sie erreichen ihn über den Customizing-Pfad SPRO • SAP CUSTOMIZING EINFÜHRUNGSLEITFADEN • FINANCIAL SUPPLY CHAIN MANAGEMENT • CREDIT MANAGEMENT • INTEGRATION MIT DEM VERTRIEB • KREDITKONTROLLBEREICH UND KREDITSEGMENT ZUORDNEN.

Falls Sie hier schon Werte und Zuordnungen eingetragen haben, können Sie diese nun noch einmal kontrollieren. Die Dopplung der Customizing-Pflege ist durchaus sinnvoll, da dadurch ermöglicht wird, ein SAP-System nur mit Rechnungen in SAP SD zu benutzen. Die Komponente FI läuft dabei »dunkel« mit, wird also nicht primär genutzt.

Vertriebsbereich zu Kreditkontrollbereich zuordnen

Den Customizing-Pfad für die Definition der Vertriebsbereiche finden Sie unter SPRO • SAP CUSTOMIZING EINFÜHRUNGSLEITFADEN • FINANCIAL SUPPLY CHAIN MANAGEMENT • CREDIT MANAGEMENT • INTEGRATION MIT DEM VERTRIEB • VERTRIEBSBEREICH ZU KREDITKONTROLLBEREICH ZUORDNEN.

Die Verkaufsorganisationen, Vertriebswege und Sparten werden an anderer Stelle im Customizing der Komponente SD bestimmt und stehen an dieser Stelle als Feldauswahl zur Verfügung. Die Kreditkontrollbereiche wurden zuvor in der Komponente FSCM gepflegt und stehen ebenfalls zur Auswahl.

Obligotypen festlegen

Die Obligotypen geben Sie unter dem Customizing-Pfad SPRO • SAP Customizing Einführungsleitfaden • Financial Supply Chain Management • Credit Management • Integration mit dem Vertrieb • Obligotypen festlegen an. Abbildung 7.52 zeigt den SAP-Standard, den Sie mit Ihren eigenen Obligotypen ergänzen können. Diese tragen Sie dann in die Tabelle gemäß Abbildung 7.52 ein.

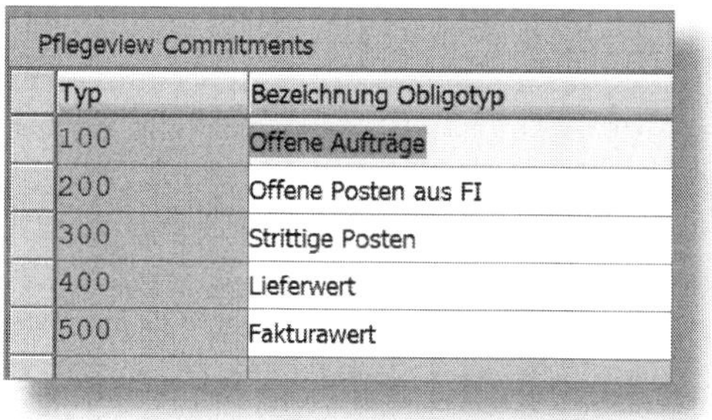

Pflegeview Commitments

Typ	Bezeichnung Obligotyp
100	Offene Aufträge
200	Offene Posten aus FI
300	Strittige Posten
400	Lieferwert
500	Fakturawert

Abbildung 7.52: Obligotypen festlegen – SAP-Standard

Voreinstellungen vornehmen

Unter dem Customizing-Pfad SPRO • SAP Customizing Einführungsleitfaden • Financial Supply Chain Management • Credit Management • Integration mit dem Vertrieb • Voreinstellungen vornehmen prüfen und ergänzen Sie die Einstellungen des Vertriebs für SAP Credit Management. Um das Kreditmanagement sinnvoll zu unterstützen und alle Felder zu den Funktionen in SAP Credit Management mit Werten zu füllen, sind zusätzliche Angaben für die Kreditprüfung erforderlich, auf die ich im Weiteren näher eingehen werde.

- **Zwischensummen in den Kalkulationsschemata**
  Im Kalkulationsschema, das Sie in der Preisfindung für die Kreditabwicklung verwenden, muss die Zwischensumme »A« zur Bestimmung des Kreditwerts eingegeben werden. Dadurch wird sichergestellt, dass das System bei der Preisfindung Zwischensummen zur Kreditabwicklung bildet und diese im Feld KOMP-CMPRE (Kreditpreis der Position) ablegt. Die gebildeten Zwischensummen stellen die Basis für die Kreditfunktionen dar.

- **Partnerrollen in den Partnerschemata**
  Sie haben in den Komponenten FI und HR zuvor die Kreditbearbeiter festgelegt. Im Personalstamm wiederum müssen die Kommunikationsdaten definiert sein, z. B. die E-Mail-Adresse. Später können diese »Partner« (Kreditbearbeiter) dann bei der Auftrags- und Lieferbearbeitung in die Partnerrolle übernommen werden. Im Standard sind für die Kreditbearbeitung die Partnerrollen *Kreditbearbeiter (KB)* und *Kreditmanager (KM)* enthalten. Beide Rollen sind der *Partnerart PE* zugeordnet. Der Kreditbearbeiter besitzt die übergeordnete Rolle des Kreditmanagers. Diese Partnerrollen müssen Sie in das Partnerschema des Verkaufs- und des Lieferbelegkopfs eingeben. So können die an der Kreditabwicklung beteiligten Partner später identifiziert werden und z. B. eine E-Mail erhalten.

- **Nachrichtenschemata in der Nachrichtenfindung**
  Die Nachrichtenfindung nutzen Sie auch zum Versenden von E-Mails. Bei Konditionsarten zur Nachrichtenfindung wurde die *Nachrichtenkonditionsart KRML* eingerichtet. Um entsprechende Konditionssätze für das Kreditmanagement anlegen und nutzen zu können, müssen Sie die Nachrichtenschemata für Verkaufs- und Lieferbelege mit Bezug zur Konditionsart KRML festlegen. Sie verwenden die Nachrichtenkonditionsart KRML zudem für eigene Konditionssätze.

- **Berechtigungsobjekte für Berechtigungen**
  Im SAP-Standard werden zwei Berechtigungsobjekte ausgeliefert: V_VBUK_FRE und V_KNKK_FRE. Sie sind bereits in den Standardrollen enthalten. Dies ist für Sie von Bedeutung,

falls Sie diese Objekte oder die Rollen abweichend vom Standard einsetzen möchten.

- **Bedingungen für die Folgefunktionen im Versand**
  Je nach Ergebnis hat eine Kreditprüfung Auswirkungen auf die Folgefunktionen im Versand, z. B. auf die Versandfälligkeit, die Kommissionierung oder auf den Warenausgang. Bei der Einstellung der Kreditbedingungen müssen Sie drei Arten von Folgebedingungen berücksichtigen:
  - Bedingungen für das Erzeugen eines Versandfälligkeitsindex aus dem Auftrag
  - Bedingungen für die Kommissionierung aus der Lieferung
  - Bedingungen für den Warenausgang aus der Lieferung

Die Einträge zu Systemroutinen und Folgefunktionen stehen systemseitig als Vorauswahl zur Verfügung und sind nicht änderbar.

- **Bedingungen für Folgefunktionen der Verfügbarkeitsprüfung**
  Die Ergebnisse einer Kreditprüfung führen möglicherweise zu Freigaben oder Sperren von Aufträgen. Für die Folgefunktionen aus diesen Ereignissen ist es möglich, Bedingungen für das Erzeugen einer Bestellanforderung (BANF) aus einem Auftrag oder an die mögliche Bestellmenge im Rahmen der Verfügbarkeitsprüfung zu definieren. Die Festlegungen zur Änderbarkeit entsprechen denen der Folgefunktionen im Versand. Jede Änderung der Systemroutine ist eine Modifikation.

Die folgenden IMG-Aktivitäten haben Sie bereits vorgenommen:

- Definition der Parameter zur Fortschreibung im Logistik-Controlling in der Informationsstruktur »S066«
- Kreditkontrollbereich definieren
- Zuordnung von Buchungskreis und Kreditkontrollbereich

Aktive Forderung pro Positionstyp pflegen

Unter dem Customizing-Pfad SPRO • SAP CUSTOMIZING EINFÜHRUNGSLEITFADEN • FINANCIAL SUPPLY CHAIN MANAGEMENT • CREDIT MANAGEMENT • INTEGRATION MIT DEM VERTRIEB • AKTIVE FORDERUNG PRO POSITIONSTYP FESTLEGEN werden die aktiven Forderungen pro Positionstyp festgelegt. Sie hinterlegen zum Positionstyp im Vertriebs-, Auftrags-, Liefer- und Rechnungsbeleg, ob SAP Credit Management aktiv ist. Erst damit erfolgt eine Fortschreibung der Kreditdaten. Bei kostenlosen Positionen findet keine Preisfindung statt und damit entfällt auch die Berücksichtigung in SAP Credit Management. Sie müssen für alle Positionen, die zusätzlich in SAP Credit Management eingehen, einen Eintrag vornehmen und das Kennzeichen KREDITFKT.AKTIV setzen. Sie können alle Positionstypen zusätzlich mit aufnehmen, die auch regulär (z. B. über die Preisfindung) in SAP Credit Management fortgeschrieben werden. In Abbildung 7.53 sehen Sie ein Beispiel für Einträge zu Positionstypen.

Ptyp	Bezeichnung	Kreditfkt.aktiv
GTAN	Standard ohne Lief.	☐
GTAP	Vorkonfig. unten	☑
GTOD	Konf.kn.Lf.b.einmZlg	☑
GTR1	Mehrst. Stückliste	☑
GTR2	Unterpos. für Stück.	☑
GTR3	Stückliste in TC	☐
GTRD	Konf.kn.Lief.b.p.Zlg	☑
GVCC	Konfig. bei SW-Prod.	☐
GVCN	Wertkontraktposition	☐
GVCP	WK leistungsabhängig	☐

Abbildung 7.53: Aktive Kreditfunktion für Positionstypen

Berechtigungen pflegen

Bitte beachten Sie, dass Sie die Berechtigungen für die Integrationen sowohl mit der Debitorenbuchhaltung als auch mit dem Vertrieb definieren müssen. Dazu verwenden Sie wie für alle Berechtigungen die Transaktion *PFCG*.

Zur Definition der Debitorendaten im Kreditmanagement existieren zusätzliche Berechtigungsobjekte. Für die Integration mit der Debitorenbuchhaltung sind die folgenden Standardberechtigungsobjekte ausgeliefert:

- F_KNKA_KKB
- F_KNKA_MAN
- F_KNKA_AEN

Folgende Standardberechtigungsobjekte sind für die Integration mit dem Vertrieb verfügbar:

- V_VBUK_FRE
- V_KNKK_FRE

Belegwertklassen definieren

Diese Customizing-Aktivität ist nicht verpflichtend. Hier definieren Sie Belegwertklassen für Belege aus dem Rechnungswesen und dem Vertrieb.

Belegwertklassen zuordnen

In dieser Folgeaktivität werden die Belegwertklassen den im Kundenstamm eingetragenen Kreditkontrollbereichen zugeordnet und mit Währungen versehen.

Berechtigungen pflegen

Sie rufen die Transaktion *PFCG* unter dem folgenden Customizing-Pfad auf: SPRO • SAP CUSTOMIZING EINFÜHRUNGSLEITFADEN • FINANCIAL SUPPLY CHAIN MANAGEMENT • CREDIT MANAGEMENT •.INTEGRATION MIT DEM VERTRIEB • BERECHTIGUNGEN PFLEGEN • BERECHTIGUNGEN PFLEGEN.

Kreditgruppen definieren

Die Einrichtung von Kreditgruppen wird empfohlen. Damit fassen Sie gleichartige Prozesse in der Kreditprüfung zusammen. Im Standard werden die in Abbildung 7.54 gezeigten Kreditgruppen ausgeliefert.

KG	Kreditgruppe Vorgang
01	Kreditgruppe für Kundenauftrag
02	Kreditgruppe für Lieferung
03	Kreditgruppe für Warenausgang
Y1	Kreditgruppe für Kundenauftrag
Y2	Kreditgruppe für Lieferung
Y3	Kreditgruppe für Warenausgang

Abbildung 7.54: Kreditgruppen

Zur Definition der Kreditgruppen gelangen Sie über den Customizing-Pfad SPRO • SAP CUSTOMIZING EINFÜHRUNGSLEITFADEN • FINANCIAL SUPPLY CHAIN MANAGEMENT • CREDIT MANAGEMENT • INTEGRATION MIT DEM VERTRIEB • KREDITGRUPPEN DEFINIEREN.

Zuordnung Verkaufsbelege und Lieferbelege vornehmen

Unter dem Customizing-Pfad SPRO • SAP CUSTOMIZING EINFÜHRUNGSLEITFADEN • FINANCIAL SUPPLY CHAIN MANAGEMENT • CREDIT MANAGEMENT • INTEGRATION MIT DEM VERTRIEB • ZUORDNUNG VERKAUFSBELEGE UND LIEFERBELEGE VORNEHMEN definieren Sie die Kreditprüfung für Verkaufs- und Lieferbelege. In Abbildung 7.55 sehen Sie dazu ein Beispiel.

VArt	Beschreibung	Kredit prüfen	Kreditgruppe
AF	Anfrage	D	01
IBOS	Anfrage	D	01
AG	Angebot		
BL	SchedAg. w/ del.schd		
CBDD	SEPA-Lastschrift	D	Y1
CBFD	Kostenlose Lieferung		
CBGO	Leihgut/Leergut		
CBII	RechnungserhöhAnfrd.		
CBMO	KDE-Terminauftrag	D	01
CBMQ	KDE-Angebot		
CBRE	Kundenretoure		
CFB3	CF Bonusteilabr.		
CFG2	CF Gutschriftsanf.		
CMR	Terminauftrag	D	01
DL	Auftragsart Liefer.		
DL2	ARM Rücklief. Kunde		
DLRE	Auftragsart Ret.Lief		
ECO1	Angebot		
ECO2	ECO: Contract		
ECO3	ECO: Draft Invoice		
FCQ	Fashion-MngnKontrakt	D	01

Abbildung 7.55: Verkaufs- und Lieferbelege der Kreditprüfung zuordnen

Die Bedeutung der Werte, die Sie in der Spalte KREDIT PRÜFEN eintragen können, wird in Tabelle 7.6 erläutert.

Kreditlimit prüfen	Kurzbeschreibung
(blank)	Keine Kreditprüfung
A	Einfache Kreditlimitprüfung durchführen und Warnung
B	Einfache Kreditlimitprüfung durchführen und Error
C	Einfache Kreditlimitprüfung durchführen und Liefersperre
D	Kreditmanagement: automatische Kreditprüfung

Tabelle 7.6: Auswahl »Kredit prüfen«

Die automatische Kreditprüfung wird empfohlen. In der Spalte KREDITGRUPPE finden Sie die zuvor im Customizing hinterlegten Vorgaben oder den Standard.

Unter KREDITLIMITPRÜFUNGEN FÜR LIEFERARTEN EINSTELLEN in derselben Customizing-Aktivität hinterlegen Sie getrennt nach Lieferung und Warenausgang die bekannten Kreditgruppen (siehe Abbildung 7.56).

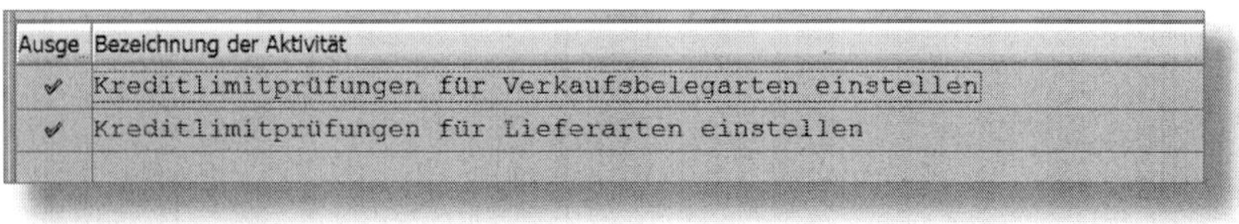

Abbildung 7.56: Kreditprüfung Lieferung und Warenausgang

Automatische Kreditkontrolle festlegen

Über den Customizing-Pfad SPRO • SAP CUSTOMIZING EINFÜHRUNGSLEITFADEN • FINANCIAL SUPPLY CHAIN MANAGEMENT • CREDIT MANAGEMENT • INTEGRATION MIT DEM VERTRIEB • AUTOMATISCHE KREDITKONTROLLE FESTLEGEN nehmen Sie die Einstellungen zur automatischen Kreditkontrolle vor (siehe Abbildung 7.57 und Abbildung 7.58). Die automatische Kreditkontrolle hat sich in der Praxis bewährt und spart

KRAUSE

Datum/Date: ____________________

Ressourcen. Wenn Ihnen hier keine Kombinationen der Risikoklassen zur Verfügung stehen, müssen Sie die nachfolgende Customizing-Aktivität RISIKOKLASSEN DEFINIEREN vorher ausführen.

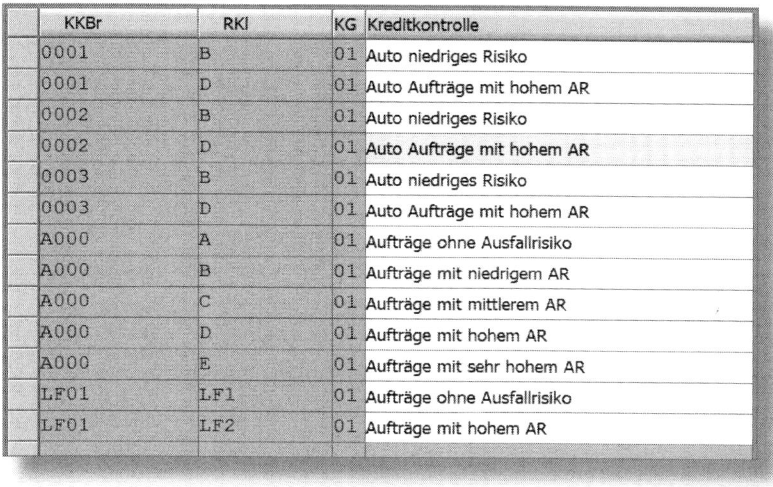

KKBr	RKl	KG	Kreditkontrolle
0001	B	01	Auto niedriges Risiko
0001	D	01	Auto Aufträge mit hohem AR
0002	B	01	Auto niedriges Risiko
0002	D	01	Auto Aufträge mit hohem AR
0003	B	01	Auto niedriges Risiko
0003	D	01	Auto Aufträge mit hohem AR
A000	A	01	Aufträge ohne Ausfallrisiko
A000	B	01	Aufträge mit niedrigem AR
A000	C	01	Aufträge mit mittlerem AR
A000	D	01	Aufträge mit hohem AR
A000	E	01	Aufträge mit sehr hohem AR
LF01	LF1	01	Aufträge ohne Ausfallrisiko
LF01	LF2	01	Aufträge mit hohem AR

Abbildung 7.57: Automatische Kreditkontrolle einrichten

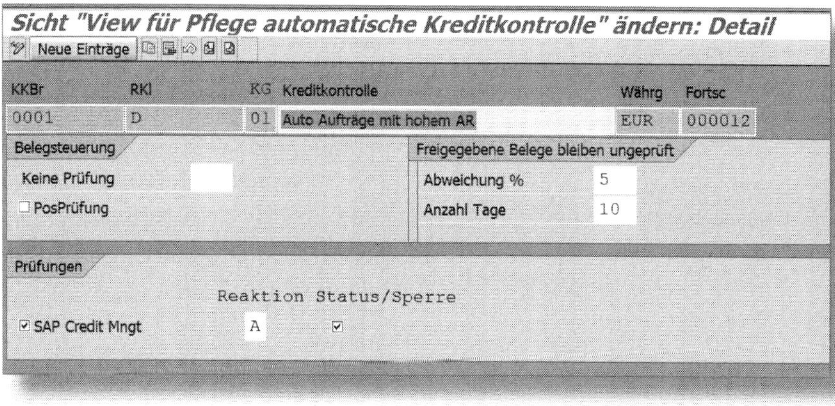

Abbildung 7.58: Automatische Kreditkontrolle einrichten – Detail

In Abschnitt 7.2.4 (Prüfregeln definieren) haben wir die Voraussetzungen für die Nutzung der automatischen Kreditprüfung geschaffen. Hier legen Sie nun die Bedingungen fest, wann die automatische Kreditkontrolle durchgeführt werden soll. Im dargestellten Beispiel (siehe Abbildung 7.58) sehen Sie im Kreditkontrollbereich (KKBr) den Wert *0001* für die Risikoklasse (RKl) *D*, und im Feld für die Fortschreibung (Fortsc) mit dem Wert *000012* (für die offenen Auftragswerte entlang der Zeitachse, Liefer- und Fakturawerte) soll die automatische Kreditkontrolle durchgeführt werden. Im Gruppenrahmen Belegsteuerung legen Sie im Feld keine Prüfung fest, dass Belege ohne Positionen von der Prüfung ausgenommen sind. Für die automatische Prüfung bleiben im Beispiel freigegebene Belege innerhalb der Toleranz von *5 Prozent* und *10 Tagen* ungeprüft. Im Gruppenrahmen Prüfungen findet die Auslösung der Prüfung im angeschlossenen SAP Credit Management System statt; *A* steht für das Auslösen einer Warnmeldung, und es soll der Kreditstatus Sperre gesetzt werden. Die automatische Kreditkontrolle setzt das aktive Kreditmanagement in SAP Credit Management voraus.

Risikoklassen definieren

Diese Aktivität finden Sie über den folgenden Customizing-Pfad:

SPRO • SAP Customizing Einführungsleitfaden • Financial Supply Chain Management • Credit Management • Integration mit dem Vertrieb • Risikoklassen definieren.

Diese IMG-Aktivität wurde schon im Standard-Customizing für SAP Credit Management durchlaufen (siehe Abschnitt 7.2.1). Die Risikoklassen stehen bereits als Tabelleneinträge zur Verfügung. Falls Sie zusätzliche Einträge für die Vertriebsintegration wünschen, geben Sie diese hier an – sie stehen dann allgemein zur Verfügung.

Kundenerweiterungen

Kundenerweiterungen für die SD-Integration mit dem Kreditmanagement finden Sie über den Customizing-Pfad SPRO • SAP Customizing Einführungsleitfaden • Financial Supply Chain Management • Credit Management • Integration mit dem Vertrieb • Kundenerweiterungen.

Mit dem BAdI *UKM_FILL* (Füllen der Einzelposten für die Obligofortschreibung) bereiten Sie die Daten für die Kennzahlen zum Zahlungsverhalten und die Obligofortschreibung auf.

Ihnen stehen dazu folgende Methoden zur Verfügung:

- FILL_VECTOR zum Füllen des Kreditvektors mit den Daten aus FI-AR
- FILL_FIELDS zum Bereitstellen der Daten aus FI-AR für die Obligofortschreibung
- GET_RFCDEST zum Ermitteln der Destination für den Remote Function Call

Anpassung der Obligofortschreibung

zB

Sie nutzen das Sonderhauptbuch mit dem Sonderhauptbuch-Kennzeichen »Schuldbuch«. Die in das Schuldbuch ein- bzw. umgebuchten Positionen werden in der Kundenbuchhaltung nicht mehr offen geführt. Sie möchten diese Schuldbuchpositionen als eigenen Obligotyp in der Obligofortschreibung zur Kreditlimitprüfung berücksichtigen, und die Kennzahlen zum Zahlungsverhalten sollen angepasst werden.

Sie bestimmen als Meldungsart Summensatz/Einzelposten und als Betragsart die Absolutbeträge/Deltabeträge für Ihre Anpassung. Zu meldende Beträge werden umformatiert; d. h., die Beträge werden an die Meldungsart und die Betragsart angepasst. Durch die Selektion nach Sonderhauptbuchkennzeichen ermitteln Sie unterschiedliche Obligobeträge. Den eigenen Obligotyp »Schuldbuch« können Sie nicht nur vergeben, sondern in der Auswahl auch anzeigen lassen. Wenn die Posten im Schuldbuch aufgelöst werden, weil der Kunde gezahlt hat, wird das Obligo dafür nicht mehr gebunden und die Kennzahlen zum Zahlungsverhalten werden angepasst. Sie legen dazu Folgendes fest: Die Kennzahlen zum Zahlungsverhalten sollen automatisch aktualisiert werden.

Mithilfe des BAdI *UKM_SD_ FSCM _INTEGR1* (Anbinden des Vertriebs an SAP Credit Management) schließen Sie die Vertriebsbelege an SAP Credit Management an und können sowohl die Obligofortschreibung als auch die Kreditprüfung komplett nach Ihren Wünschen gestalten. Die Implementierung UKM_SD_FSCM_INTEGR1 wird im Standard inaktiv ausgeliefert.

Zusammen mit dem BAdI werden die folgenden Methoden zur Verfügung gestellt:

- FSCM_CREDIT_CHECK_ORDER Kreditprüfung im Auftrag
- FSCM_CREDIT_CHECK_DELVRY Kreditprüfung in der Lieferung
- FSCM_CREDIT_CHECK_SM_ORDER Kreditprüfung im Servicebeleg
- FSCM_COMMITMENT_UPDATE_ORDER Obligofortschreibung im Auftrag
- FSCM_COMMITMENT_UPDATE_DELVRY Obligofortschreibung in der Lieferung
- FSCM_COMMITMENT_UPDATE_INVOICE Obligofortschreibung in der Faktura
- FSCM_GET_MASTER_DATA Kundenstammdaten lesen
- FSCM_DISPLAY_CREDIT_MESSAGES Kreditmeldungen anzeigen
- FSCM_GET_ACCOUNT_KEY FSCM-Kreditkonto lesen (in Work Center verwendet)
- FSCM_GET_ACCOUNT_DATA FSCM-Kreditkontendaten lesen (in Work Center verwendet)

Bei Verwendung des Work Centers für das Kreditmanagement müssen alle Methoden aktiviert werden.

Implementierung zu Obligotypen

zB

Ihre Implementierung verwendet folgende Obligotypen:

100	Obligofortschreibung im Auftrag
400	Obligofortschreibung in der Lieferung
500	Obligofortschreibung in der Faktura

Das BAdI *UKM_CONV2PARTNER* (Konvertierung von Partnernummern aus dem Erweiterungsspot UKM_CONV2PARTNERERPI) benötigen Sie zur Konvertierung von Partnernummern nach unterschiedlichen Schemata. Sie setzen damit auch Debitorennummern in Geschäftspartnernummern um. Im Standard werden die beiden Schemata *PartyID* für die Geschäftspartnernummer und *PartyGUID* für die Geschäftspartner-GUID unterstützt. Mit der Methode CONVERT steht Ihnen im Changing-Parameter C_PARTY_INTERNAL_ID der Wert der Geschäftspartner-ID mit dem zugehörigen Schema zur Verfügung.

Umsetzung in Geschäftspartnernummern

zB

Die Umsetzung in Geschäftspartnernummern ist nützlich, wenn Sie Debitorennummern mit abweichendem Nummernkreis in angeschlossenen Applikationen für das Kreditmanagement verwenden oder wenn Sie Kundendaten aus Webapplikationen integrieren möchten.

Das BAdI *UKMRSE_3_DCD_MNTNO* (Versenden einer dokumentierten Kreditentscheidung aus dem Erweiterungsspot UKMRSE_SPOT_DCD) dient dem Ändern der dokumentierten Kreditentscheidung vor dem Versenden. Es ist darüber gleichfalls möglich, eine Momentaufnahme der dokumentierten Kreditentscheidung bei der Eingangsverarbeitung anzupassen. Der Aufruf erfolgt in dem Service »DocumentedCreditDecisionERPBusinessTransactionDocumentNotification_Out«.

Anpassung einer Momentaufnahme

zB

Das Formular MOMENTAUFNAHME können Sie nicht auf den aktuellen Fall der dokumentierten Kreditentscheidung anwenden. Sie versenden die Momentaufnahme an einen Dritten, z. B. an einen neuen Insolvenzverwalter, Regulierer oder die Zentrale in einem anderen Land. Sie können bei der Anpassung einer Momentaufnahme Anforderungen an den Datenschutz, gesetzliche Regelungen oder ethische Gründe berücksichtigen.
Ein Beispiel: Im Zuge der Benachrichtigung von Patienten, Angehörigen oder auch Versicherungen berücksichtigen Sie ethische Gründe und nehmen von einer Forderung gegenüber der Familie Abstand. Mitunter ist einfach die schnelle Berücksichtigung aktueller Daten erforderlich.

7.4 Ergänzendes Customizing

7.4.1 Vorbemerkungen

Anwendungsübergreifende Komponenten für SAP FSCM und SAP Credit Management, wie SAP Records Management oder Case Management, werden zur Bearbeitung von Klärungsfällen und deren Integration in FI und SD genutzt. In SAP Dispute Management ist das Customizing für die Komponenten SAP Records Management und Case Management im Customizing-Pfad enthalten und ausführbar. Bei SAP Collections und SAP Credit Management sind das vorbereitende Customizing und die Ergänzungen in den Pfaden nicht mehr ausführbar, daher werden die Möglichkeiten im Records und Case Management oft übersehen. In diesem Abschnitt möchte ich Ihnen die Einrichtung aller möglichen Standardfunktionen von SAP Credit Management zeigen.

SAP Credit Management arbeitet komponentenübergreifend in FI-AR/FI-CA, SD/CRM und FSCM. Es folgt damit dem Prozess der normalen Kreditprüfung innerhalb einer Firma. Im Rahmen des SAP FSCM ist SAP Credit Management in die Prozesse Klärungsfallbearbeitung (SAP Dispute Management), Mahnen (SAP Collections Management) sowie Kontoauszugsverarbeitung (Bank Communication Management) integriert. Während der Bearbeitung werden Ergebnisse aus Vorgängen wie Korrespondenzen, Verzinsung, dynamischem Scoring, Bewertungen inklusive Wertberichtigungen, Forderungsmanagement oder Inkasso berücksichtigt. Branchenspezifische Prozesse im Vertrieb und Verkauf werden SAP-seitig mit Daten zur Kreditrisikoprüfung und Kreditlimitüberwachung unterstützt. Das Ziel ist der Schutz des Firmenvermögens bei gleichzeitiger Wahrung der Chancen auf Erlöserzielung.

7.4.2 SAP Records Management

SAP Credit Management nutzt als technische Basis für den Kreditlimitantrag und die dokumentierte Kreditentscheidung SAP Records Management gemäß einer elektronischen Aktenverwaltung. Um einen Kreditlimitantrag als Fall zu verwalten, setzen Sie Case Management ein. Hier liegen für den Antrag oder eine Änderung alle SAP- und Nicht-SAP-Dokumente gemeinsam in einer Fallakte zur Kreditlimitbearbeitung. Diese Fallakte wird als ein einziger Fall im Workflow (Laufweg) von Bearbeiter zu Bearbeiter geleitet. Mit diesen Vorarbeiten im vorbereitenden Customizing können Sie sich den gesamten Kreditfall in einer einzigen Transaktion auf einem Bildschirm anzeigen lassen. Der Status entspricht dem Stand der Bearbeitung, die Fallakte wird nach erfolgreicher Bearbeitung geschlossen und später archiviert.

In diesem Abschnitt erhalten Sie einen Überblick darüber, wie Sie Ihre Kreditlimitanträge mit SAP Records Management und Case Management vorbereiten bzw. einrichten. Dies passiert über das Customizing und die Anwendung für SAP Credit Management. Aufgrund der umfassenden Integration des SAP Credit Management, die SAP Dispute Management, SAP Collections Management und weitere Komponenten wie FI, SD, aber auch Nicht-SAP-Anwendungen einschließt, empfiehlt sich der Start im *anwendungsübergreifenden Customizing*. Hier legen Sie die Grundlagen für die Prozesse in SAP Credit Management und sorgen für einen störungsfreien Ablauf. Sie kontrollieren, ergänzen und erweitern zudem die technische Plattform für die Basisservices in SAP Records Management und Case Management.

Es gibt mehrere Wege, die Customizing-Einstellungen zu erreichen. In den anwendungsübergreifenden Einstellungen sind alle Möglichkeiten für ein umfassendes Customizing vereint:

SPRO • SAP Customizing Einführungsleitfaden • Anwendungsübergreifende Komponenten • Allgemeine Anwendungsfunktionen • Records- und Case-Management • Registry Einstellen.

Der Transaktionscode für den direkten Aufruf lautet *SRMREGEDIT*.

Sie erreichen das Records und Case Management auch über die folgenden Customizing-Pfade:

SPRO • SAP Customizing Einführungsleitfaden • SAP NetWeaver • Application Server • Basis-Services • Records Management sowie

SPRO • SAP Customizing Einführungsleitfaden • SAP NetWeaver • Application Server • Basis-Services • Case Management.

Da Sie nur innerhalb eines RMS nach Fällen suchen können, soll sowohl für verwandte Prozesse wie SAP Dispute Management, SAP Collections Management und SAP Credit Management als auch für alle Niederlassungen weltweit das gleiche RMS verwendet werden. Ein RMS in SAP ist vergleichbar mit einem Mandanten. Die von SAP ausgelieferte RMS-ID S_AREA_CMG kann original verwendet werden. Bei Modifikationen in SAP Records Management wird die Definition einer eigenen RMS-ID empfohlen. Alle Einträge in der Registry-Pflege sind Entwicklungsobjekte.

Wir starten im Grund-Customizing des SAP Records Management mit dem Aufruf der RMS-ID über den empfohlenen Weg:

SPRO • SAP CUSTOMIZING EINFÜHRUNGSLEITFADEN • SAP NETWEAVER • APPLICATION SERVER • BASIS-SERVICES • RECORDS MANAGEMENT • GRUNDCUSTOMIZING • REGISTRY PFLEGEN (CUSTOMIZING MODUS).

Wir wählen den Framework-Bereich mit der ID *S_AREA_CMG* aus (siehe Abbildung 7.59).

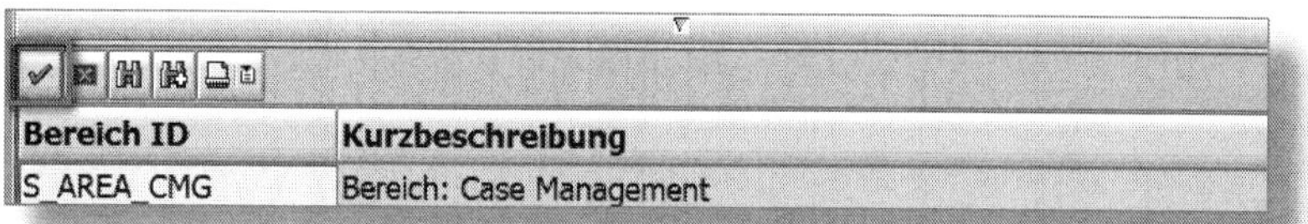

Abbildung 7.59: Area-Auswahl

SAP Credit Management nutzt diesen Framework-Bereich gemeinsam mit SAP Dispute Management und SAP Collections Management; der Aufruf ist daher für alle drei gleich.

Für die weitere Arbeit in SAP Credit Management bereiten wir über das Case Management die Kreditlimitanträge und dokumentierten Kreditentscheidungen vor (siehe Abbildung 7.60).

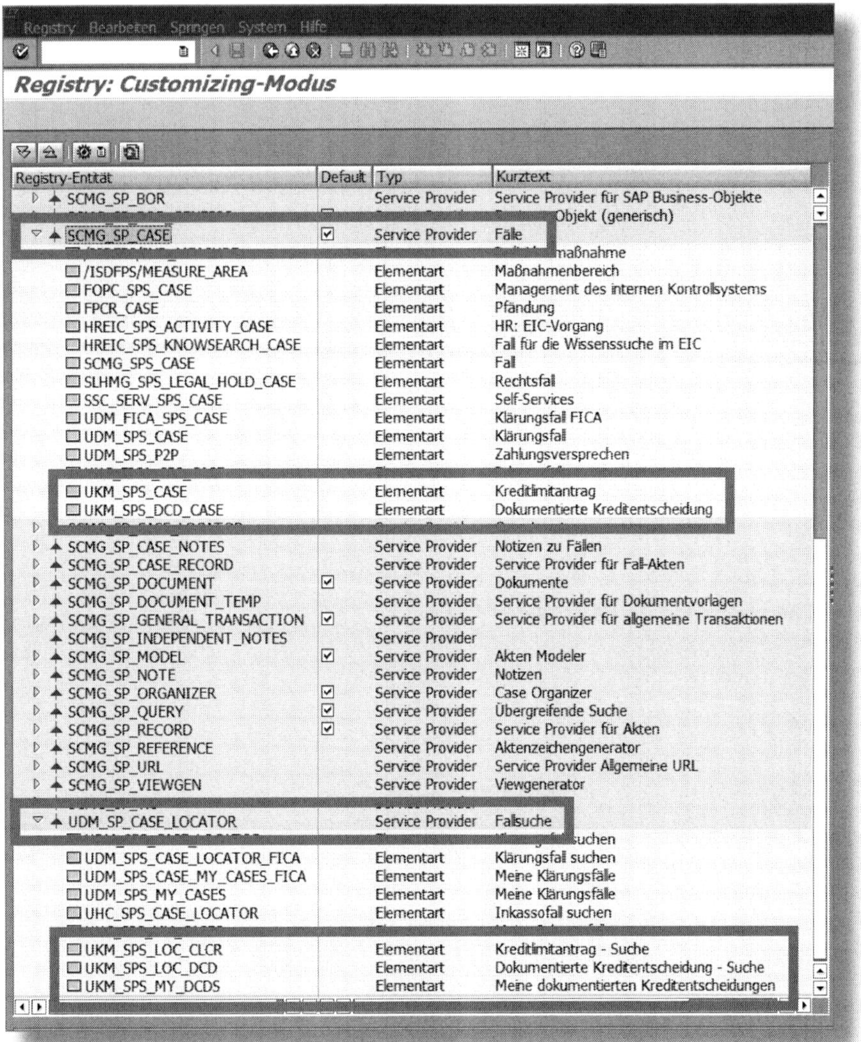

Abbildung 7.60: Registry – Customizing

Dazu werden die aus technischer Sicht notwendigen *Serviceprovider* aktiviert und genutzt: Der für SAP Credit Management vorgesehene Serviceprovider SCMG_SP_CASE entspricht dem Case Management »Fälle«. Dieser Serviceprovider wird für den Kreditlimitantrag *UKM_*

SPS_CASE und für die dokumentierte Kreditentscheidung *UKM_SPS_DCD_CASE* genutzt (siehe Abbildung 7.61). Dabei werden der KREDITLIMITANTRAG und die DOKUMENTIERTE KREDITENTSCHEIDUNG jeweils als ELEMENTART bezeichnet. Beide sind, neben anderen Elementarten, dem Serviceprovider für die Fälle SCMG_SP_CASE zugeordnet.

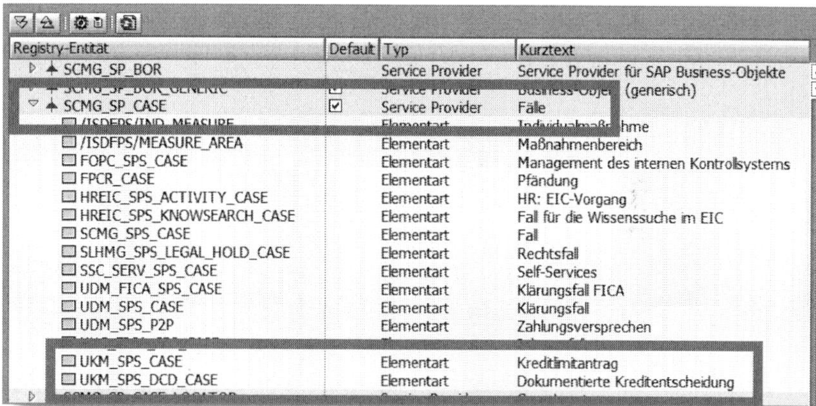

Abbildung 7.61: Registry-Zuordnungen für SAP Credit Management

Eine *Elementart* steuert, welche Objekte bei der Fallbearbeitung zur Verfügung stehen und wie die Fallakte aufgebaut ist. Eine Elementart kann anstelle einer Fallart auch einfach nur eine Dokumentart sein.

Anhand des gezeigten Beispiels können Sie nun eigene Elementarten für Ihre Fallbearbeitung anlegen und zuordnen. Diese erstellen Sie im kundeneigenen Namensraum, vorzugsweise durch Kopieren. Dazu wird die zu kopierende Elementart markiert, mit rechtem Mausklick das Kontextmenü aufgerufen, KOPIEREN VON ausgewählt und in das Feld ELEMENTART ID ein Wert aus dem Kundennamensraum eingetragen sowie im Feld KURZBESCHREIBUNG ein Name oder eine Bezeichnung eingegeben (siehe Abbildung 7.62). Sie schließen die Erstellung ab, indem Sie links unten die Drucktaste für Speichern wählen. Dem Serviceprovider SCMG_SPS_CASE wird damit ein neuer Eintrag hinzugefügt, und in der SAP-Anwendung ist anschließend die Auswahl dieser Elementart als Fallart möglich.

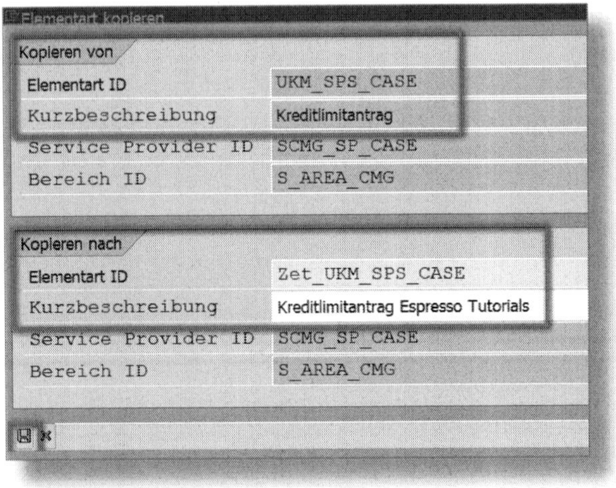

Abbildung 7.62: Kopieren einer Fallart im Case Management

Alternativ steht Ihnen das Knotenmenü zur Verfügung (siehe Abbildung 7.63). Zunächst wird die zu kopierende Elementart markiert und dann das Knotenmenü aufgerufen. Dort wählen Sie KOPIEREN und füllen die Felder ELEMENTART sowie BEZEICHNUNG aus; anschließend müssen Sie noch speichern.

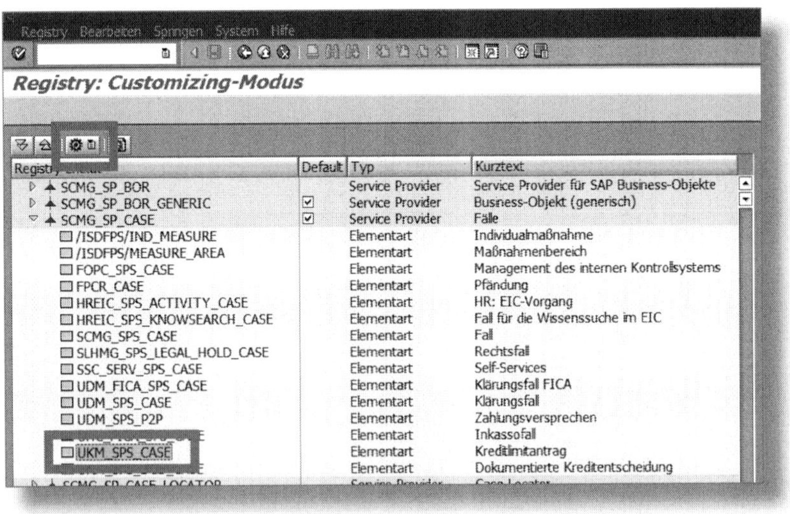

Abbildung 7.63: Kopieren der Fallart im Case Management

Für die schnelle Einführung von SAP Credit Management nutzen Sie die Standardauslieferung. Die darin enthaltenen Elementarten Kreditlimitantrag und dokumentierte Kreditentscheidung werden im Standard unterstützt.

Tabelle 7.7 zeigt Beispiele von zusammengehörigen Elementarten und Elementen für die Kreditlimitbearbeitung.

Elementart	Element
Debitor	Debitor (Nummer) 0815
Kundenauftrag	Kundenterminauftrag 0815
Rechnung	Rechnung (Nummer) 13055

Tabelle 7.7: Beispiele für Elementarten und Elemente

Sie können eigene Elementarten definieren. Allerdings müssen alle Elementarten im gleichen RMS enthalten sein, da eine RMS-übergreifende Suche sonst nicht möglich ist.

Als Vorbereitung für das Customizing und zur Übersicht sind in Tabelle 7.8 die Serviceprovider mit den Elementarten und Bestimmungen für SAP Credit Management aufgeführt.

Serviceprovider	Elementarten	Bestimmung
SCMG_SP_CASE	UKM_SPS_CASE	Kreditlimitantrag
	UKM_SPS_DCD_CASE	Dokumentierte Kreditentscheidung
SCMG_SP_CASE_LOCATOR	Obsolet in HANA 1809	Kreditlimitantrag – Suche
SCMG_SP_CASE_NOTES	UKM_SPS_CASE_NOTES	Notizen zu Kreditlimitanträgen
	UKM_SPS_DCD_NOTES	Notizen zu dokumentierten Kreditentscheidungen
SCMG_SP_CASE_RECORD	UKM_SPS_RECORD	Kreditlimitakte

Serviceprovider	Elementarten	Bestimmung
	UKM_SPS_RECORD	Fallakte zur Kreditentscheidung
SCMG_SP_DOCUMENT	UKM_SPS_DOCUMENT	Dokumente
SCMG_SP_MODEL	UKM_SPS_MODEL	Modelle für Fallakten im Kreditmanagement
UDM_SP_CASE_LOCATOR Für die Suche im Rahmen der Klärungsfälle (UDM)	UKM_SPS_LOC_CLCR	Kreditlimitantrag – Suche
	UKM_SPS_LOC_DCD	Dokumentierte Kreditentscheidung – Suche
	UKM_SPS_MY_DCDS	Meine dokumentierten Kreditentscheidungen

Tabelle 7.8: Serviceprovider mit Elementarten

Es sind weitere Serviceprovider und Elementarten mittels Erweiterung nutzbar, die Tabelle bildet nur den Standard ab.

Nachdem Sie die Einstellungen in SAP Records Management kontrolliert haben, folgt das Customizing im Case Management.

7.4.3 Case Management

Transaktionscode SCASE

Das Case Management kann direkt über den Transaktionscode *SCASE* aufgerufen werden. Diese Transaktion steht im Customizing und in der Anwendung zur Verfügung.

Der Pfad im Customizing ist:

SPRO • SAP CUSTOMIZING EINFÜHRUNGSLEITFADEN • SAP NETWEAVER • APPLICATION SERVER • BASIS-SERVICES • CASE MANAGEMENT.

Die Einstellungen werden im Case Management vorgenommen (siehe Abbildung 7.64).

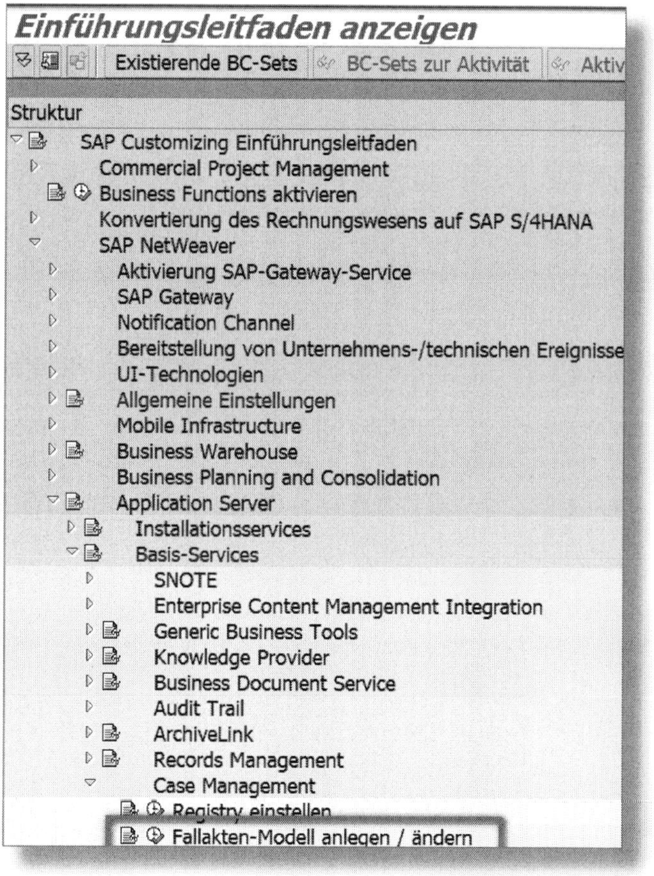

Abbildung 7.64: Case Management – Fallaktenmodell-Menü

In der Komponente Case Management müssen mindestens folgende Funktionen definiert werden, damit Kreditlimitantrag und die dokumentierte Kreditentscheidung in der Anwendung nutzbar sind:

- ATTRIBUTPROFIL
- FUNKTIONSPROFIL
- TEXTPROFIL
- NUMMERNKREIS
- STATUSPROFIL
- FALLART
- ARCHIVIERUNG
- ERWEITERUNGEN/VIEWGENERATOR (WAHLWEISE)

Über das Customizing-Menü werden die genannten Punkte in der angegebenen Reihenfolge bearbeitet.

Attributprofil

Das Attributprofil rufen Sie über folgenden Pfad im Customizing auf: SPRO • SAP CUSTOMIZING EINFÜHRUNGSLEITFADEN • SAP NETWEAVER • APPLICATION SERVER • BASIS-SERVICES • CASE MANAGEMENT • ATTRIBUTPROFIL ERSTELLEN • ATTRIBUTPROFIL ERSTELLEN.

Attributprofil	Bezeichnung	Tabellenname
FIN_CRED	SAP Credit Management	UKMCASEATTR00
FIN_DCA	Dok. Kreditentscheidung zum Konto	UKM_DCD_ATTR
FIN_DCD	Dok. Kreditentscheidung zum Beleg	UKM_DCD_ATTR

Tabelle 7.9: Attributprofile

Zu allen drei möglichen Attributprofilen (siehe Tabelle 7.9) gehört jeweils eine Attributgruppe für die Kopfdaten. Die Attributgruppe enthält wiederum zugeordnete Attribute, die Sie über die Drucktaste Neue Einträge ergänzen können. Die Fallattribute werden in der Tabelle SCMG_T_CASE_ATTR verwaltet und für die Attributauswahl zur Verfügung gestellt. Die Tabelle UKM_DCD_ATTR enthält ergänzende Attribute für die dokumentierte Kreditentscheidung.

Wahlweise lassen sich im Customizing die Attributwerte für Priorität, Eskalationsgrund und Berechtigungsstufe ergänzen. Sie können zudem die Auslieferungswerte anpassen und über ein Drop-down-Menü für die Anwendung zur Verfügung stellen.

Die ausgelieferte Fallsuche für Kreditüberwachungsfälle finden Sie unter dem Menüpfad SPRO • SAP Customizing Einführungsleitfaden • SAP NetWeaver • Application Server • Basis-Services • Case Management • Fallsuche erstellen • Profil für die Fallsuche anlegen.

Für SAP Credit Management existiert das Profil *F_CR SAP Credit Management* in der Tabelle UKMCASEATTR00. Die Selektionsfelder und Optionen sind variabel anpassbar.

Funktionsprofil

Die Einrichtung des Funktionsprofils im Customizing wird in Teilschritten vorgenommen, die den Menüpunkten im SAP-Standard-Customizing folgen. *Funktionsprofile* stellen eine Abfolge von Bearbeitungsschritten im Kreditüberwachungsprozess dar.

- **Fallkomponenten definieren:**
  SPRO • SAP Customizing Einführungsleitfaden • SAP NetWeaver • Application Server • Basis-Services • Case Management • Funktionsprofil erstellen • Fallkomponenten definieren. Dieser Punkt wird nur durchlaufen, wenn im Rahmen der Entwicklung eigene Fallkomponenten definiert worden sind.

- **Funktionen definieren:**
  SPRO • SAP CUSTOMIZING EINFÜHRUNGSLEITFADEN • SAP NETWEAVER • APPLICATION SERVER • BASIS-SERVICES • CASE MANAGEMENT • FUNKTIONSPROFIL ERSTELLEN • FUNKTIONEN DEFINIEREN. In diesem Punkt werden die SAP-Standardfunktionen zur Fallbearbeitung ausgeliefert. Sollten diese Funktionen nicht ausreichen, können Sie weitere Aktionen in der Customizing-Tabelle ergänzen. Alle Aktionen stehen später in der Anwendung SAP Credit Management entweder als Menüpunkte oder als Drucktasten zur Verfügung. SAP-Funktionsprofile decken sich oft mit den Bearbeiteraktionen der Kreditüberwachungsfälle, wie z. B. Ansprechpartner holen, Ausbuchen, Schließen, Drucken oder Korrespondenz erzeugen.
- **Abhängigkeiten zwischen Status und Funktionen definieren:**
  In diesem Menüpunkt erstellen Sie eine aufsteigende Abfolge der Bearbeitungsschritte: Wann ist welche Aktion erlaubt? Die Tabelle müssen Sie vollständig und folgerichtig gemäß dem realen Kreditüberwachungsprozess einrichten. Sie ist erreichbar über den Customizing-Pfad SPRO • SAP CUSTOMIZING EINFÜHRUNGSLEITFADEN • SAP NETWEAVER • APPLICATION SERVER • BASIS-SERVICES • CASE MANAGEMENT • FUNKTIONSPROFIL ERSTELLEN • ABHÄNGIGKEITEN ZWISCHEN FUNKTIONEN UND STATUS DEFINIEREN. Diesen Customizing-Punkt müssen Sie in jedem Fall bearbeiten.
- **Funktionsprofile erstellen oder anpassen:**
  Im SAP-Standard werden Funktionsprofile ausgeliefert, die sich gut als Kopiervorlagen eignen. Durch Kopieren und Ergänzen oder Löschen einzelner Aktionen oder Funktionen sind schnell eigene Funktionsprofile eingerichtet. Der entsprechende Menüpunkt ist zu erreichen unter: SPRO • SAP CUSTOMIZING EINFÜHRUNGSLEITFADEN • SAP NETWEAVER • APPLICATION SERVER • BASIS-SERVICES • CASE MANAGEMENT • FUNKTIONSPROFIL ERSTELLEN • FUNKTIONSPROFIL ERSTELLEN.

Textprofil für Notizen

SPRO • SAP CUSTOMIZING EINFÜHRUNGSLEITFADEN • SAP NETWEAVER • APPLICATION SERVER • BASIS-SERVICES • CASE MANAGEMENT • TEXTPROFIL ERSTELLEN • TEXT-IDS EINSTELLEN.

Diese im SAP-Standard ausgelieferte Customizing-Aktivität dient zur Aufbereitung von Notizen, falls diese zu Fällen angelegt werden.

Der zugehörige Serviceprovider ist SCMG_SPS_CASE_NOTES (Notizen zu Fällen).

Hier erstellen Sie auch IDs für Grafiken oder Standardsymbole. Eine ID kann in diesem Fall eine Überschrift, ein Symbol oder eine Grafik sein und dient der Sortierung von Notizen. Es handelt sich dabei um SAPscript-Text-IDs.

Anschließend werden unter dem folgenden Menüpfad die Text-IDs den Textprofilen für die einzelnen Fälle zugeordnet:

SPRO • SAP CUSTOMIZING EINFÜHRUNGSLEITFADEN • SAP NETWEAVER • APPLICATION SERVER • BASIS-SERVICES • CASE MANAGEMENT • TEXTPROFIL ERSTELLEN • TEXTPROFIL ERSTELLEN.

Dabei geht es ausschließlich um Texte und Notizen zu Fällen, die auch extern sichtbar sein können. Wichtigster Punkt bei der Zuordnung von Text-IDs und -profilen ist die Festlegung, wie sortiert werden und was sichtbar sein soll.

Nummernkreise

Wichtig und dennoch oft im ersten Anlauf vergessen: die Einrichtung der Nummernkreisintervalle für die Kreditlimitfälle und dokumentierten Kreditentscheidungen. Da beides Fallarten sind, müssen Sie auch für beides Nummernkreise anlegen. Bei Kunden sehr beliebt ist die Erstellung eines Nummernkreises je Fallart.

SPRO • SAP CUSTOMIZING EINFÜHRUNGSLEITFADEN • SAP NETWEAVER • APPLICATION SERVER • BASIS-SERVICES • CASE MANAGEMENT • NUMMERNKREISINTERVALLE FÜR DEN FALL FESTLEGEN (siehe Einstiegsbild zur Nummernkreispflege in Abbildung 7.65).

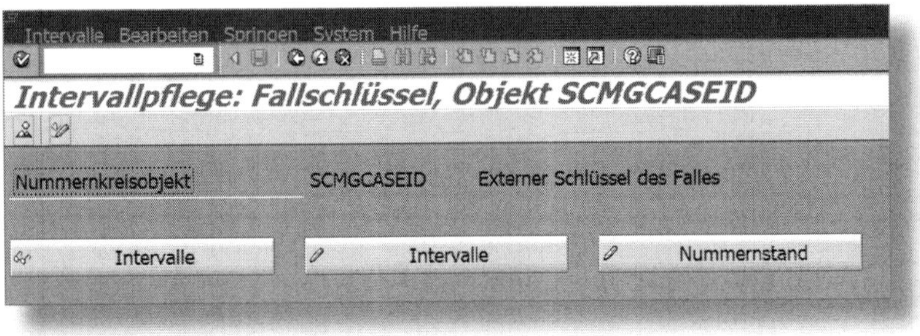

Abbildung 7.65: Nummernkreis anlegen – Start

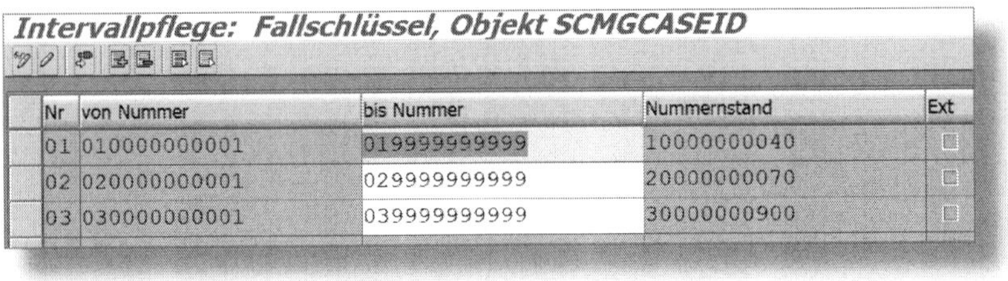

Abbildung 7.66: Nummernkreis anlegen – Folgebild

Mit Klick auf das Icon (Zeile einfügen) wird ein neues Nummernkreisintervall ergänzt (siehe Abbildung 7.66). Hilfreich ist eine Übersicht der freien Nummernkreisintervalle, auf die Sie über das Symbol gelangen (siehe Abbildung 7.67).

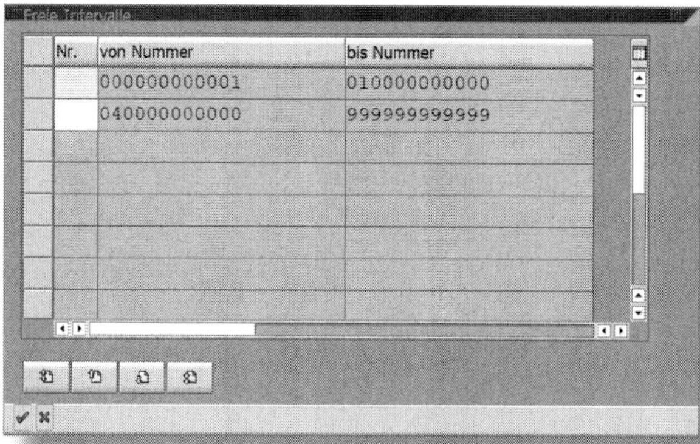

Abbildung 7.67: Nummernkreis – freie Intervalle zeigen

Statusprofil

Das *Statusprofil* für den sichtbaren Fortschritt der Fallbearbeitung in der Kreditüberwachung zum Kreditlimit oder zur dokumentierten Kreditentscheidung kann aus dem Standard beibehalten werden. Eine Anpassung im Statusprofil ist durch Tabelleneinträge leicht möglich:

SPRO • SAP CUSTOMIZING EINFÜHRUNGSLEITFADEN • SAP NETWEAVER • APPLICATION SERVER • BASIS-SERVICES • CASE MANAGEMENT • STATUSVERWALTUNG EINSTELLEN • STATUSPROFIL ERSTELLEN.

Es werden drei Statusprofile für SAP Credit Management ausgeliefert:

- FIN_CRED für die Kreditlimitbearbeitung
- FIN_DCA für die dokumentierte Kreditentscheidung zum Konto
- FIN_DCD für die dokumentierte Kreditentscheidung zum Beleg

Für die Status werden Werte in Zehnerschritten von 10 bis 50 vergeben. Die Anpassung der Status ist in dieser Customizing-Tabelle leicht möglich.

Fallart

Die wichtigste Entität bei der Konfiguration (Customizing) im Case Management ist die *Fallart* (dies gilt in gleicher Weise für SAP Dispute Management und SAP Collections Management. Die Schritte werden dort identisch durchlaufen). Wir folgen dem Case-Menü im Standard der Version S/4HANA 1809. Es kann aber auch in anderen Versionen analog durchlaufen werden. In einem älteren SAP-FSCM-System (vor HANA) ist ggf. die dokumentierte Kreditentscheidung noch nicht verfügbar, kann dort aber als eigene Fallart eingerichtet und zugeordnet werden.

Die Einrichtung oder Prüfung der Fallarten »Kreditlimitantrag« und »dokumentierte Kreditentscheidung« im Case Management wird wie folgt aufgerufen.

Empfohlen:

SPRO • SAP Customizing Einführungsleitfaden • SAP NetWeaver • Application Server • Basis-Services • Case Management • Fallarten definieren • Fallarten definieren.

Alternativ:

SPRO • SAP Customizing Einführungsleitfaden • Anwendungsübergreifende Komponenten • Allgemeine Anwendungsfunktionen • Records- und Case-Management • Fall • Fallarten • Fallarten definieren.

Auf dem nun angezeigten Bild definieren Sie eigene Fallarten, entwerten alte Fallarten oder passen weitere Einträge an. Zusätzlich müssen Sie die Nummernkreise eintragen (siehe Abbildung 7.68).

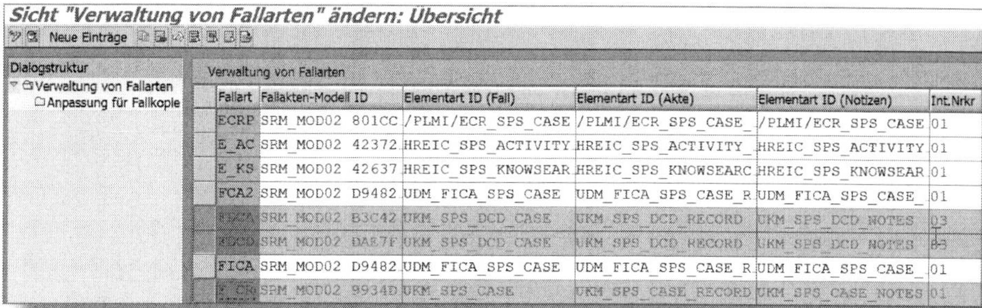

Abbildung 7.68: Verwaltung der Fallarten

Tabelle 7.10 zeigt die für SAP Credit Management im Standard nutzbaren Fallarten.

Branche/ Integration	RMS-ID	Bezeichnung	Fallart
Allgemein, FI-AR	UKM_CREDIT_CASE	Kreditlimitantrag	F_CR
Allgemein, FI-AR	UKM_CREDIT_CASE	Dokumentierte Kreditentscheidung zum Beleg	FDCD
Allgemein, FI-AR	UKM_CREDIT_CASE	Dokumentierte Kreditentscheidung zum Konto	FDCA

Tabelle 7.10: SAP-Fallarten

Häufig wird nur die dokumentierte Kreditentscheidung zum Beleg eingerichtet.

Der wichtigste Eintrag zur Bearbeitung der Fallarten ist die Angabe des vergebenen Nummernkreises (INT.NRKR) – je nach Auswahl im Einstiegsbild als Massenpflege oder im Einzelbild zum Fall (siehe beispielhaft Abbildung 7.69). Die Einstellung der Nummernkreise ist für alle Fallarten gleich. Anschließend sichern Sie die Einträge. Der LAUFWEG ist je nach Branche interessant, z. B. im öffentlichen Sektor. In Firmen wird der Laufweg selten benötigt.

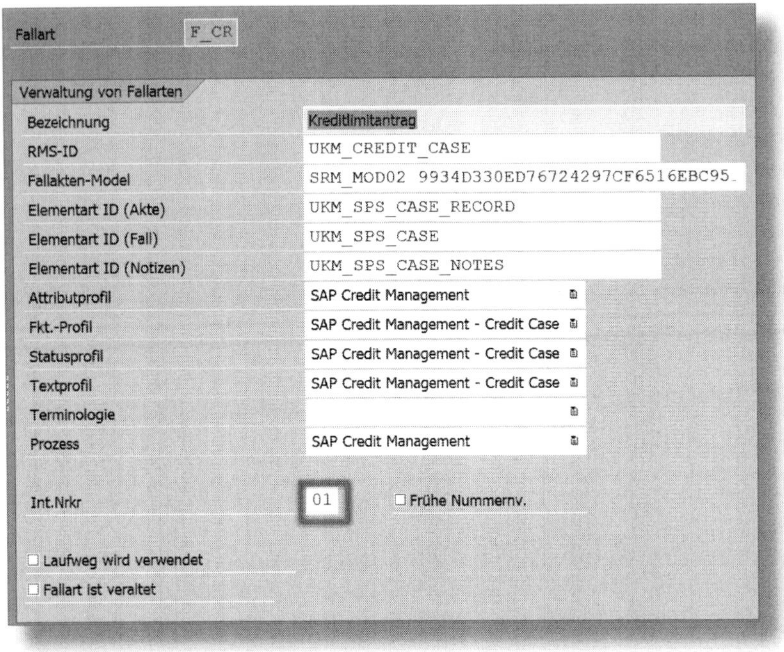

Abbildung 7.69: Fallart »FCR« – Nummernkreis eintragen

Für die weiteren Customizing-Aktivitäten im Case Management wie Werte zum Attribut Kategorie anlegen und Werte zum Attribut Ursache anlegen nehmen Sie bei Bedarf Einträge vor.

Archivierung

Die Bearbeitung der Einstellungen rund um eine Archivierung wird empfohlen, um ein übersichtliches SAP-System zu bewahren. Die Archivierung können Sie zu einem späteren Zeitpunkt definieren und Ihre Erfahrungen mit SAP Credit Management dabei einfließen lassen.

Sie erreichen die Einstellungen über den Customizing-Menüpfad:

SPRO • SAP Customizing Einführungsleitfaden • SAP NetWeaver • Application Server • Basis-Services • Case Management • Archivierung einstellen.

Für die Anpassung der Archivierung stehen im Customizing folgende BAdIs zur Verfügung:

- Prüfung der Archivierbarkeit erweitern – Case Management
- Archivierung von Falldaten erweitern – Case Management
- Löschen von Falldaten erweitern – Case Management

Auch wenn das erweiterte Customizing zum Case Management vorzugsweise für BAdIs benötigt wird, möchte ich hier dennoch auch auf den Einsatz für die **Viewgenerierung** verweisen. Die Viewgenerierung erzeugt für Benutzer oder Benutzergruppen passgenaue Anwendungen. Sie wird immer dann angewendet, wenn Nutzer für ihre Arbeit viel weniger Elementarten/Elemente benötigen, als im Standard angezeigt werden. Dies trifft beispielsweise auf den Einsatz von Portalanwendungen, Webanwendungen oder mobilen Geräten zu. Die Viewgenerierung rufen Sie entweder auf, indem Sie auf dem Bild SAP EASY ACCESS den Transaktionscode *SCMGVIEWGEN* eingeben oder den folgenden Customizing-Pfad wählen:

SPRO • SAP CUSTOMIZING EINFÜHRUNGSLEITFADEN • SAP NETWEAVER • APPLICATION SERVER • BASIS-SERVICES • CASE MANAGEMENT • ERWEITERTES CUSTOMIZING • ROLLENBASIERTE SICHT ANLEGEN ODER ÄNDERN. Wählen Sie auf dem Zwischenbild die Option *SCMG_SPS_VIEWGEN / S_AREA_CMG* aus (siehe Abbildung 7.70).

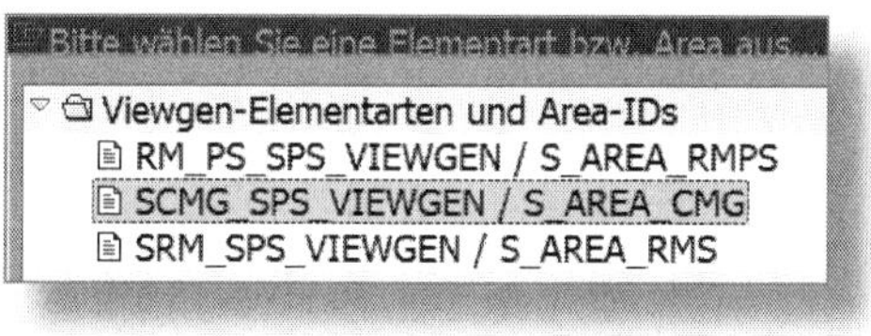

Abbildung 7.70: RolleView

Im Folgebild wählen Sie *UKM_CREDIT_CASE* als RMS für Ihre jeweilige Rolle (siehe Abbildung 7.71).

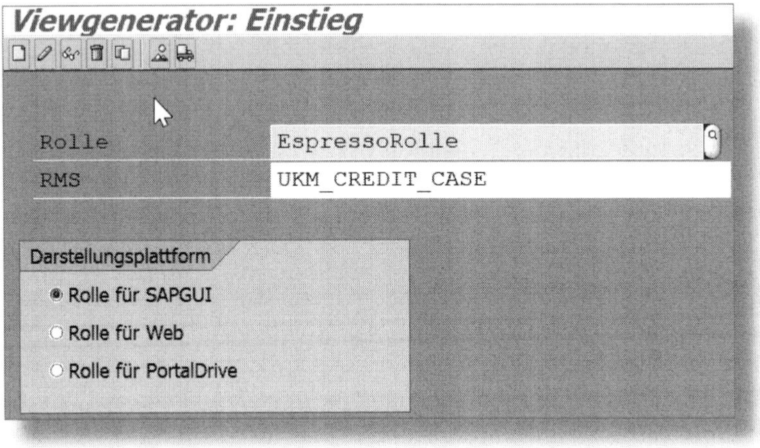

Abbildung 7.71: Viewgenerator für eine Benutzerrolle

7.4.4 Das eigene Kreditrisikomodell

Sie können durch Kopieren und Anpassen im SAP Records Management, Case Management oder SAP Credit Management Ihr eigenes Kreditrisikomodell Schritt für Schritt einrichten. Zusätzlich stehen Ihnen zur Anpassung zahlreiche BAdIs zur Verfügung.

7.5 Das ist neu im Kreditmanagement mit S/4HANA 1909

Kommen wir nun zu den wichtigsten Neuerungen für Ihre Arbeit mit dem Kreditmanagement in S/4HANA 1909 [6]:

1. *Receivables Management:* Ein Erweiterungsspot dient zum Anpassen der Antworten des Kreditmanagementsystems auf eine Anfrage, bevor diese an die aufrufende Komponente versendet wird. Bisher war das nur in Webszenarien möglich; mit 1909 können Sie diese Funktion auch in Ihrem lokalen Szenario einsetzen. Sie finden den Erweiterungsport über den folgenden Customizing-Pfad: SPRO • SAP CUSTOMIZING EINFÜHRUNGSLEITFADEN • FINANCIAL SUPPLY CHAIN MANAGEMENT • CREDIT MANAGEMENT •

KREDITRISIKOÜBERWACHUNG • KREDITLIMITPRÜFUNG. In unserem Szenario, einer Einsystemlandschaft, ist es damit ohne Weiteres möglich, von einer Webkonfiguration zu einem lokalen Szenario zu wechseln. Sie können die folgenden Schnittstellen durch den Erweiterungsspot ersetzen:

- *UKM_FILL (credit_check_convert_outbound):* enthalten im BAdI FÜLLEN DER EINZEPOSTEN FÜR DIE OBLIGOFORTSCHREIBUNG. Sie finden diese Schnittstelle über den Customizing-Pfad SPRO • SAP CUSTOMIZING EINFÜHRUNGSLEITFADEN • FINANCIAL SUPPLY CHAIN MANAGEMENT • CREDIT MANAGEMENT • INTEGRATION MIT DER DEBITORENBUCHHALTUNG UND DEM VERTRIEB • INTEGRATION MIT DEM VERTRIEB • KUNDENERWEITERUNGEN.
- *UKM_CREDIT_CHECK (convert_inbound, convert_outbound):* enthalten im BAdI RESULTAT EINER KREDITPRÜFUNG ANPASSEN. Diese Schnittstelle erreichen Sie über den Customizing-Pfad SPRO • SAP CUSTOMIZING EINFÜHRUNGSLEITFADEN • FINANCIAL SUPPLY CHAIN MANAGEMENT • CREDIT MANAGEMENT • INTEGRATION MIT DER DEBITORENBUCHHALTUNG UND DEM VERTRIEB • INTEGRATION MIT DER DEBITORENBUCHHALTUNG • KUNDENERWEITERUNGEN.

2. *SAP-Fiori-App »Jobs einplanen« im Kreditmanagement:* Diese neue App habe ich bereits in Kapitel 2 aufgeführt. Mit ihr planen Sie die nachfolgenden Jobs ein:

   - Kreditprüfung von Vertriebsbelegen
   - Bonität für Geschäftspartner aktualisieren
   - Kreditlimit für Geschäftspartner aktualisieren
   - Verfahren zur Bonitäts- und Kreditlimitermittlung aktualisieren
   - SAP-Credit-Management-Rolle zu Geschäftspartnern zuordnen

3. *Kunde – vorhandenen Satz um Kreditmanagementdaten erweitern:* Dieses neue Migrationsobjekt steht Ihnen für die Datenmigration von SAP Credit Management zur Verfügung. Sie erweitern damit vorhandene Kunden um die Kreditmanagementdaten.

Das funktioniert sowohl für die Kreditprofildaten als auch für die Kreditsegmentdaten. Die komplette Beschreibung finden Sie unter dem Link *https://help.sap.com/viewer/d3a3eb7caa1842858bf0372e17ad3909/1909.000/de-DE/824a1a1ffaf048d79d155ffa094c215a.html*. Hier erfahren Sie auch, für welche Lösung Sie das Migrationsszenario anwenden und wie Sie damit verfahren.

4. *Neugestaltung der Berechtigung zur dokumentierten Kreditentscheidung für Einsystemszenarien:* Dies betrifft Berechtigungen, die im Zusammenhang mit dem Vertrieb stehen. Neu ist, dass betroffene Nutzer keine Berechtigungen im Kreditmanagement benötigen. Ihnen wird stattdessen die Rolle SAP_FIN_CR_DCD_WF als Kopie zugeordnet. Die dokumentierte Kreditentscheidung wird mit dem Workflownutzer SAP_WFRT angelegt. Darin sind alle erforderlichen Berechtigungen für die dokumentierte Kreditentscheidung enthalten. Sie führen die folgenden Schritte aus:

   - Als Voraussetzung müssen Sie den Workflow unter dem folgenden Pfad einrichten: SPRO • SAP CUSTOMIZING EINFÜHRUNGSLEITFADEN • NETWEAVER • ANWENDUNGSSERVER • BUSINESS MANAGEMENT • SAP BUSINESS WORKFLOW • STANDARDEINSTELLUNGEN PFLEGEN.
   - Aktivieren Sie dazu die Typkopplung unter SAP EASY ACCESS • SAP MENÜ • WERKZEUGE • BUSINESS WORKFLOW • ENTWICKLUNG • ADMINISTRATION • EREIGNISMANAGER • TYPKOPPLUNGEN. Öffnen Sie den Objekttyp CL_UKM_DCD_WF_EVENT und setzen Sie das Kennzeichen KOPPLUNG AKTIVIERT. Sie aktivieren die folgenden Einstellungen:
     - im Feld OBJEKTTYP – CL-ABAP-Klasse
     - in den Feldern EREIGNIS und VERBRAUCHERTYP – PUSH_DCD
     - im Feld AUFRUF DES VERBRAUCHERS – M (Methode)
     - im Feld EREIGNISZUSTELLUNG – über tRFC (ist Standard)
     - Füllung des Feldes KOPPLUNG mit *JA*

5. *Flexible Gestaltung der Kreditprüfung:* Diese Einstellung definieren Sie im Customizing über den Pfad SPRO • SAP CUSTOMIZING EINFÜHRUNGSLEITFADEN • FINANCIAL SUPPLY CHAIN MANAGEMENT • CREDIT MANAGEMENT • KREDITRISIKOÜBERWACHUNG • STAMMDATEN • KREDITSEGMENT ANLEGEN. Wählen Sie dann nicht das Hauptkreditsegment, sondern die gewünschten Kreditsegmente aus, und wählen Sie im Feld KREDITPRÜFUNG über das Dropdown-Menü die *additive Prüfung*. Wenn diese für das Hauptkreditsegment aktiv ist, werden zum Geschäftspartner die Verbindlichkeiten im Hauptkreditsegment addiert. Falls die additive Prüfung inaktiv ist, werden die Verbindlichkeiten im Hauptkreditsegment nicht berücksichtigt. In Abschnitt 7.2.1 finden Sie die Dokumentation zur Anlage des Kreditsegments.

6. *Zahlreiche hilfreiche Apps* stehen Ihnen zur erweiterten Bearbeitung offener Posten sowie zur erweiterten Suche von Kunden und Zahlungen zur Verfügung. Sie sparen damit in der automatischen Bearbeitung für das Kreditmanagement Zeit.

Die hier vorgestellten Neuerungen mit S/4HANA 1909 sind Bestandteil der Best Practices.

Ausblick

Dieses Buch hat Sie hoffentlich sicher durch eine schnelle Standardimplementierung des neuen Kreditmanagements unter S/4HANA 1909 begleitet. Bis 2025 sind Sie damit gut aufgestellt.

Doch die nächste Herausforderung zeichnet sich bereits ab: die Umsetzung von *Machine Learning* im Rechnungswesen. SAP setzt schon seit 2018 Pilotprojekte um. Machine Learning als Vorstufe zu künstlicher Intelligenz und Predictive Analytics werden in den nächsten Jahren die Arbeit im Kreditmanagement weiter gestalten, von der Prozessbearbeitung bis zur Problemlösung. S/4HANA bedeutet bereits eine gewaltige Umstellung auf eine Vielzahl neuer Prozesse. Die Anforderungen hinsichtlich der Umsetzung von Machine Learning und Predictive Analytics mit SAP Credit Management werden Ihre Arbeit noch einmal auf ein neues Level bringen. Sie werden in Zukunft die Routinearbeit den Algorithmen und Rechnern überlassen. Als Meister der Prozesse trainieren Sie dann die Algorithmen – zusammen mit den Programmierern. So wie in den letzten Jahren FinTechs die Bankenwelt verwandelt haben, tun dies aktuell immer mehr sogenannte CreditTechs. Mit von der Partie sind nicht nur die Start-ups, sondern auch bekannte Firmen wie Bosch.

Viele Grundlagen zur Erschließung dieses Bereichs der künstlichen Intelligenz sind schon jetzt in SAP Credit Management gelegt. So haben Sie Zugriff auf kostenfreie Tools wie das Business Rule Framework. In SAP Dispute Management, SAP Collections Management und SAP Credit Management können Sie mittels Business Rule Framework Ihre eigenen Prozesse modellieren und in die Entscheidungsregeln einbinden. Das sichert Ihnen einzigartige Chancen gegenüber Ihren Wettbewerbern, die den Standard nutzen. Das Rechnungswesen wird aktuell hochgradig automatisiert. FinTechs und CreditTechs präsentieren seit einigen Jahren Lösungen auf der Basis von Machine Learning. Zumindest im Massenkundengeschäft sind diese heute schon Realität. Und die Algorithmen werden rasant weiterentwickelt. Zunehmend finden auch soziale, ethische und kulturelle Aspekte Aufnahme in das Kreditmanagement

Stellen Sie sich darauf ein, dass Sie in der Zukunft klare Ansagen an die Entwickler zu geben haben, damit diese Ihre firmenspezifischen Vorgaben zum Scoring, zur Bonitätsermittlung und zur Risikoüberwachung umsetzen. Das Kreditmanagement leistet so einen unerlässlichen Beitrag zur finanziellen Gesundheit und Krisenvorsorge Ihrer Firma. Vor allem aber können Sie selbst viele Schnittstellen für die kreative Gestaltung im Kreditmanagement nutzen. Auch wenn der Einsatz von Machine Learning im Rahmen von Predictive Analytics mit künstlicher Intelligenz noch ca. ein bis zwei Jahre von der Auslieferung seitens der SAP SE entfernt ist, existieren aktuell bereits Prototypen zur Vorführung und Schnittstellen für die Integration der CreditTech-Lösungen.

Espresso Tutorials und die Autorin wünschen Ihnen viel Erfolg!

Wir unterstützen Sie gerne auf Ihrem Weg.

Literaturverzeichnis

[1] Bundesverband Credit Management e. V.: Mindestanforderungen an das Credit Management (MaCM). Version 3.0, Kleve 2016.

[2] Bundesverband Credit Management e. V.: Mindestanforderungen an das Credit Management (MaCM). Version 4.0, Kleve 2020.

[3] Bundesverband Credit Management e. V.: IT-Lösungen für das Credit Management, 3. Aufl., Kleve 2017.

[4] Bundesbank: Bonitätsanalyse für IFRS bilanzierende Unternehmen, 13.09.2020, *https://www.bundesbank.de/resource/blob/602064/444d4a2fa0c869880d248b8db61a527c/mL/bonitaetsanalyse-ifrs-data.pdf* (aufgerufen am 03.03.2020).

[5] Bundesbank: Allgemeine Bonitätsanalyse (Kurzübersicht), 13.09.2020, *https://www.bundesbank.de/resource/blob/602050/7375022c234c5932edac071f268f78ee/mL/bonitaetsanalyse-kurzuebersicht-data.pdf* (aufgerufen am 03.03.2020).

[6] SAP SE: Neuerungen in SAP S/4HANA 1909, 20.09.2019, Dokumentversion 1.0, Walldorf 2019.

Zusätzlich verwendete Literatur, gut für ältere SAP-Installationen:

Weiss, Jürgen: Financial Supply Chain Management mit SAP ERP, SAP Press 2009.

A Die Autorin

Silke Breest ist Diplom-Kauffrau und arbeitet seit 40 Jahren auf den Gebieten Rechnungswesen und Beratung, davon die ersten 18 Jahre angestellt und seither als freie Unternehmensberaterin.

Sie besitzt umfassende Erfahrung im Rechnungswesen großer Firmen und öffentlicher Verwaltungen, wobei sie das gesamte Spektrum des internen und externen Rechnungswesens abdeckt.

Sie wurde von der Deutschen Gesellschaft für Projektmanagement e.V. für das Projektmanagement in Organisations- und IT-Projekten zertifiziert.

Silke Breest arbeitet seit 1989 mit der SAP-ERP-Software und ist seit 1999 zertifizierte SAP-Beraterin für die Komponenten Rechnungswesen und Controlling.

Einen ihrer Schwerpunkte bilden Prozesse zur finanziellen Wertschöpfung. Darüber hinaus liegen ihr die komponentenübergreifenden Prozessketten sowie das integrierte Prozesskettentraining aller beteiligten Mitarbeiter am Herzen.

www.silkebreest.de

https://www.xing.com/profile/Silke_Breest/portfolio

B Index

A

B

C

D

E

F

G

H

I

J

K

L

M

V

W

Z

C Disclaimer

Die in diesem Werk wiedergegebenen Gebrauchsnamen, Handelsnamen, Warenbezeichnungen usw. können auch ohne besondere Kennzeichnung Marken sein und als solche den gesetzlichen Bestimmungen unterliegen. Sämtliche in diesem Werk abgedruckten Bildschirmabzüge unterliegen dem Urheberrecht der SAP SE, Dietmar-Hopp-Allee 16, 69190 Walldorf.

In dieser Publikation wird auf Produkte der SAP SE Bezug genommen. SAP, R/3, SAP NetWeaver, Duet, PartnerEdge, ByDesign, SAP BusinessObjects Explorer, StreamWork und weitere im Text erwähnte SAP-Produkte und -Dienstleistungen sowie die entsprechenden Logos sind Marken oder eingetragene Marken der SAP SE in Deutschland und anderen Ländern. Business Objects und das Business-Objects-Logo, BusinessObjects, Crystal Reports, Crystal Decisions, Web Intelligence, Xcelsius und andere im Text erwähnte Business-Objects-Produkte und -Dienstleistungen sowie die entsprechenden Logos sind Marken oder eingetragene Marken der Business Objects Software Ltd. Business Objects ist ein Unternehmen der SAP SE. Sybase und Adaptive Server, iAnywhere, Sybase 365, SQL Anywhere und weitere im Text erwähnte Sybase-Produkte und -Dienstleistungen sowie die entsprechenden Logos sind Marken oder eingetragene Marken der Sybase Inc. Sybase ist ein Unternehmen der SAP SE. Alle anderen Namen von Produkten und Dienstleistungen sind Marken der jeweiligen Firmen. Die Angaben im Text sind unverbindlich und dienen lediglich zu Informationszwecken. Produkte können länderspezifische Unterschiede aufweisen.

Der SAP-Konzern übernimmt keinerlei Haftung oder Garantie für Fehler oder Unvollständigkeiten in dieser Publikation. Der SAP-Konzern steht lediglich für SAP-Produkte und -Dienstleistungen nach der Maßgabe ein, die in der Vereinbarung über die jeweiligen Produkte und Dienstleistungen ausdrücklich geregelt ist. Aus den in dieser Publikation enthaltenen Informationen ergibt sich keine weiterführende Haftung.

Weitere Bücher von Espresso Tutorials

Jörg Siebert, Eric Bauer:

Belegaufteilung und parallele Rechnungslegung in SAP ERP

- Konzeption und Konfiguration des neuen Hauptbuchs
- Ledger- und Kontenlösung im Detail
- Segmentbilanzen mittels Belegaufteilung erstellen
- Aufteilungsverfahren richtig konfigurieren

http://5217.espresso-tutorials.de

Marc Müller:

Praxishandbuch SAP®-Zahllauf – 2., erweiterte Auflage

- Payment Medium Workbench (PMW) und Data Medium Exchange Engine (DMEE) verständlich erklärt
- Praxisbeispiele und Tipps für den Zahlungsverkehr im In- und Ausland
- Customizing für Kontenfindung, Zahlwegzusätze, Avisversand und Formularsteuerung
- Was ändert sich mit der Einführung von SAP S/4HANA?

http://5249.espresso-tutorials.com